Studien zum Umweltstaat

Herausgegeben von M. Kloepfer

Dieter Cansier

Bekämpfung des Treibhauseffektes aus ökonomischer Sicht

Ergebnisse des Ladenburger Kollegs
„Umweltstaat" der Gottlieb Daimler- und
Karl Benz-Stiftung

Springer-Verlag
Berlin Heidelberg New York
London Paris Tokyo
Hong Kong Barcelona
Budapest

Reihenherausgeber

Gottlieb Daimler- und Karl Benz-Stiftung
Karl-Benz-Haus, Dr.-Carl-Benz-Platz 2
W-6802 Ladenburg, BRD

Reihenherausgeber: Studien zum Umweltstaat
Prof. Dr. jur. Michael Kloepfer
Direktor des Instituts für Umwelt- und Technikrecht
der Universität Trier,
Im Treff 25, W-5500 Trier, BRD

Autor

Prof. Dr. Dieter Cansier
Wirtschaftswissenschaftliches Seminar,
Universität Tübingen,
Melanchthonstraße 30, W-7400 Tübingen 1, BRD

Mit 8 Abbildungen

ISBN-13:978-3-540-54153-0

Die Deutsche Bibliothek – CIP-Einheitsaufnahme
Cansier, Dieter:
Bekämpfung des Treibhauseffektes aus ökonomischer Sicht/Dieter Cansier. –
Berlin; Heidelberg; New York; London; Paris; Tokyo; Hong Kong; Barcelona;
Budapest: Springer, 1991   (Ladenburger Kolleg)
ISBN-13:978-3-540-54153-0   e-ISBN-13:978-3-642-76700-5
DOI: 10.1007/978-3-642-76700-5

Satz: Datenkonvertierung durch Elsner & Behrens GmbH, W-6836 Oftersheim
25/3130-543210 – Gedruckt auf säurefreiem Papier

Inhaltsverzeichnis

1 Handlungsbedarf

Die Klimaforscher prognostizieren schon für das nächste Jahrhundert einen dramatischen Anstieg der mittleren Temperatur auf der Erde, wenn die wirtschaftlich-technische Entwicklung so weitergeht wie bisher.[1] Die anthropogenen Emissionen von Kohlendioxid, Methan, Fluorchlorkohlenwasserstoffen und anderen Spurengasen verstärken den natürlichen Treibhauseffekt (der eine Durchschnittstemperatur in Bodennähe von 15° C sichert). Wenn nichts geschieht (Trendfortschreibung), wird die Temperatur um etwa 1°C bis zum Jahr 2025 und um 3°C bis zum Jahr 2100 gegenüber heute ansteigen. Eine so drastische und plötzliche Erwärmung hat es in der Klimageschichte der letzten 10000 Jahre noch nicht gegeben.[2]

Bei einer Erwärmung im Mittel um 0,3°C pro Dekade ist die Temperaturveränderung etwa 3mal so schnell, wie es natürliche Ökosysteme nach heutigem Wissen noch vertragen können. Die Vegetation hat deshalb keine Zeit sich anzupassen und wird irreparabel geschädigt (etwa großräumiges Waldsterben in den mittleren und höheren Breiten). Die Trockenzonen werden um mehrere hundert Kilometer nach Norden wandern. Die Wüsten- und Steppenbildung nimmt zu. Extreme Klimaereignisse werden häufiger auftreten (bisher unbekannte Dürren, Hochwasser, stärkere und häufigere Wirbelstürme). Der Meeresspiegel wird pro Dekade um durch-

---

[1] Der aktuelle Forschungsstand wird zusammengefaßt und ausgewertet in: Enquete-Kommission Vorsorge zum Schutz der Erdatmosphäre, Dritter Bericht zum Thema Schutz der Erde, Deutscher Bundestag, 11. Wahlperiode, Drucksache 11/8030, 24.05.1990. Vgl. auch Houghton, J. T. u. a. (Hrsg.), Climate Change – The Scientific IPCC Scientific Assessment, Cambridge, 1990 und Graßl, H., Anthropogene Beeinflussung des Klimas, in: Phys. Bl. 45 (1989), Nr. 7, S. 199ff.

[2] Gegenüber dem vorindustriellen Niveau wird der Gleichgewichtswert der Temperatur im Jahre 2025 um 2,5°C (wahrscheinlicher Wert, Unsicherheitsbereich 1,5–4,5° C) und im Jahr 2100 um 5°C (wahrscheinlichster Wert, Unsicherheitsbereich 3–9° C) ansteigen. Die effektive Erwärmung vermindert sich wegen der Verzögerungswirkung der Ozeane auf 2°C bzw. 4°C. Vgl. Enquete-Kommission, Dritter Bericht a.a.O., S. 27. Vgl. auch Schönwiese, Ch. D., Klimatologen aus aller Welt rufen zum Handeln auf, in: FAZ, 24.10.1990, S. 11f.

schnittlich 6 cm, bis zum Jahr 2050 um 20–50 cm und bis zum Jahr 2100 um 1 m (und danach noch weiter) ansteigen. Als Folge dieser Veränderungen wird sich die Ernährungssituation für große Teile der Menschheit gravierend verschlechtern. Niedriggelegene Inseln und Küstenzonen werden untergehen. Es wird ein riesiges ökologisches Flüchtlingsproblem geben, denn die Hälfte der Menschheit lebt in Küstenregionen. Unübersehbar sind die Produktionseinbußen und Vermögensschäden, die eintreten werden.

Daß es zu einer Erwärmung mit signifikantem Klimarisiko kommen wird, erscheint nach heutigem Erkenntnisstand ziemlich sicher. Umstritten ist nur noch teilweise, wie stark die Veränderung sein wird.[3] Die Bandbreiten, die für den Temperaturanstieg angegeben werden, sollten nicht dazu verleiten, das Klimaproblem zu unterschätzen, denn die oberen Werte sind nicht weniger wahrscheinlich als die unteren.[4] Auch wenn es bisher keinen strengen wissenschaftlichen Beweis für einen neuen Klimatrend gibt, so finden sich doch in den Klimabeobachtungsdaten starke Indizien für den zusätzlichen Treibhauseffekt.[5] Seit 1860 hat die mittlere globale Temperatur in 2 m Höhe über Grund um etwa 0,7°C zugenommen. Dieser Effekt läßt sich mit den Klimamodellen gut auf die anthropogenen Treibhausgasemissionen zurückführen.[6]

Abzuwarten bis die beobachtete Temperatur im Trend meßbar angestiegen ist, wäre eine Strategie, die vernünftigen Risikoüberlegungen widerspricht. Dann hätte man zwar Gewißheit, zugleich aber wären die Schäden schon eingetreten, und eine weitere Temperaturzunahme wäre bereits eingehandelt, weil die Ozeane den Anstieg der Temperatur um mindestens 30 Jahre verzögern. Außerdem wäre eine weitere Zunahme der Emissionen wegen der langen Vorlaufszeiten der Politik unausweichlich. Schließlich würde es sehr lange dauern, bis die Erwärmung auf eine Verringerung der Emissionen reagiert, weil die meisten Spurengase eine sehr lange Verweildauer in der Atmosphäre haben. Der zusätzliche Treibhauseffekt ist ein Problem für Jahrhunderte. Da eine kritische Zuspitzung der Erwärmung unmittelbar bevorsteht und große Schäden für viele Generationen drohen und außerdem die Politik lange Vorlaufszeiten benötigt, erscheint ein schnelles Handeln dringend geboten. Von der Wissenschaft wurde auf die

---

[3] Vgl. Graßl, H., a.a.O, S. 206.

[4] Vgl. Schönwiese, Ch. D., a.a.O., S. 12.

[5] Vgl. Graßl, H., a.a.O., S. 202ff.

[6] Mit einer Wahrscheinlichkeit von 50% liegt die Veränderung der Gleichgewichtstemperatur bis 1988 bei +1,4°C. Unter Berücksichtigung der angenommenen Verzögerungen infolge der Trägheit des Klimasystems gelangt man zu dem beobachteten Anstieg von 0,7°C. Vgl. B. Bolin, Die Zerstörung der Erdatmosphäre und die Folgen, in: Crutzen, P.J. und Müller M., Das Ende des blauen Planeten? München 1989, S. 17.

Tabelle 1. Merkmale der Treibhausgase

	CO_2	CH_4	N_2O	Ozon	FCKW11	FCKW12
c (in ppmv)	354	1,72	0,31	0,03	0,00028	0,00048
t (in Jahren)	120	10	150	0,1	60	130
c/t (in%/Jahr	0,5	1,0	0,25	0,5	5	3
rel. THP (kg)	1	58	206	1800	3970	5750
Anteil in%	50	13	5	7	5	12

c = Konzentration in den 80er Jahren, t = Verweildauer in der Atmosphäre, c/t = Zunahme in Prozent pro Jahr, rel. THP = relatives Treibhauspotential bezogen auf die gleiche Masse CO_2 (kg) (zusätzliche Strahlungsabsorption durch ein zusätzliches Kilogramm eines Treibhausgases in der Atmosphäre im Vergleich zu CO_2), Anteil in% = Anteil der einzelnen Treibhausgase am zusätzlichen Treibhauseffekt in den 80er Jahren.

Quelle: Enquete-Kommission Vorsorge zum Schutz der Erdatmosphäre, Dritter Bericht zum Thema Schutz der Erde, Deutscher Bundestag, 11. Wahlperiode, Drucksache 11/8030, 24.05.1990, S. 132.

Klimarisiken durch CO_2 bereits vor 20 Jahren hingewiesen. In der internationalen Politik wird das Problem mittlerweile zunehmend erkannt. Man hofft, auf der UN-Konferenz „Umwelt und Entwicklung" im Jahr 1992 in Brasilien eine Klimakonvention verabschieden zu können.

Verantwortlich für den zusätzlichen Treibhauseffekt sind in erster Linie die CO_2-Emissionen (Beitrag etwa 50%). Wichtig sind aber auch die Emissionen von Fluorchlorkohlenwasserstoffen (Beitrag 22%), Methan (Beitrag 13%), Ozon in der unteren Atmosphäre (Beitrag 7%) und Distickstoffoxid (Beitrag 5%). Da das spezifische Treibhauspotential dieser Gase wesentlich höher als das von CO_2 ist, können hier schon geringe Spuren in der Atmosphäre genügen, um starke Effekte zu erzeugen (vgl. Tabelle 1). Bei den langlebigen Gasen wäre eine sofortige Reduktion der anthropogenen Emissionen um mehr als 60% erforderlich, um ihre Konzentrationen in der Atmosphäre auf den heutigen Niveaus zu stabilisieren. Bei Methan wäre eine Reduktion um 15–20% notwendig.[7]

CO_2 entsteht zum größten Teil (zu ca. 75%) durch Verbrennung fossiler Energieträger, insbesondere von Kohle, Erdöl und Erdgas. Weitere Quellen sind die Brandrodung tropischer Regenwälder (etwa 10%)[8] und die sonstige Umgestaltung der Erdoberfläche (sonstige Abholzungen

---

[7] Vgl. Climate Change, The IPPC Scientific Assessment, a.a.O., S. XVIII.

[8] Vgl. Enquete-Kommission, Dritter Bericht, a.a.O., S. 33.

und Waldschäden, Wüstenbildung, Trockenlegung von Sümpfen und Verwendung von Mineraldünger). Wichtigste Senke für CO_2 sind die Ozeane. Teils wird CO_2 auch von der Biosphäre durch Aufforstungen und rascheres Pflanzenwachstum gebunden. Man weiß, daß derzeit nur 50% der anthropogenen CO_2-Emissionen in der Atmosphäre verbleiben. Die CO_2-Konzentration in der Atmosphäre ist von 1800 bis 1958 von 280 ppm auf 315 ppm angestiegen, also um etwa 13%. Seither nimmt sie mit einer Rate von 0,4–0,5% pro Jahr zu. 1987 betrug die Konzentration 348 ppm.[9] CO_2 hat in der Atmosphäre eine Verweildauer von etwa 120 Jahren.

Methan (CH_4) entsteht bei der Zersetzung von organischem Material unter Luftabschluß. Hauptquellen sind der Reisanbau auf Naßfeldern (37% der anthropogenen Emissionen), die Großviehzucht (Fermentation durch Wiederkäuer, 21%), die Verbrennung von Biomasse (11%), Mülldeponien (11%), Erdgasverluste bei der Gewinnung und Verteilung (9%) und der Kohlebergbau (10%). Fast 70% der von Menschen hervorgerufenen Methan-Emissionen werden somit durch die Landwirtschaft und Ernährung verursacht, etwa 20% gehen auf das Konto der Energieumwandlung, und der Rest entfällt auf die Abfallbeseitigung.[10] Die Konzentration von Methan in der Atmosphäre nimmt derzeit mit der hohen Rate von 1% pro Jahr zu. Die Verweildauer von Methan in der Atmosphäre liegt bei 8–10 Jahren.

Ozon (O_3) wirkt in der unteren Atmosphäre als Treibhausgas. Es entsteht als Umwandlungsprodukt unter Einwirkung von Sonnenlicht aus Stickoxiden, Kohlenmonoxid und flüchtigen Kohlenwasserstoffen. Die Ausgangsstoffe werden hauptsächlich bei der Verbrennung von fossilen Energieträgern und Holz freigesetzt. Die Gase haben noch andere Umweltwirkungen. Ozon führt zu Gesundheitsschäden beim Menschen. Von der Weltgesundheitsbehörde ist deshalb ein Grenzwert von 120 ppb vorgeschlagen worden. Aus Stickoxiden (NO_x) entsteht in der Troposphäre auch Salpetersäure, die als saurer Regen auf die Erde niedergeht und zur Versauerung des Bodens führt.

Die wichtigsten anthropogenen Quellen für Lachgas (N_2O) sind die Verbrennung fossiler Brennstoffe (8–14%), die Verbrennung von Biomasse (14–37%) und der Einsatz künstlicher Düngemittel (55–71%).[11] Lachgas verstärkt nicht nur den Treibhauseffekt, es fördert in der Stratosphäre auch

---

[9] Vgl. Enquete-Kommission Vorsorge zum Schutz der Erdatmoshäre, Erster Zwischenbericht, Deutscher Bundestag, 11. Wahlperiode, Drucksache 11/3246, 02.11.1988, S. 181f.

[10] Vgl. Enquete-Kommission, Dritter Bericht, a.a.O., S. 101.

[11] Vgl. Enquete-Kommission, Dritter Bericht, a.a.O., S. 103.

den Ozonabbau und erhöht damit die UV-B-Strahlung. Lachgas ist das hauptsächliche Quellgas für die reaktionsfreudigen Stickoxide NO und NO$_2$, die Ozon in der oberen Atmosphäre abbauen.

Außerordentlich gefährlich sind die Fluorchlorkohlenwasserstoffe (FCKW), denn sie tragen nicht nur wesentlich zum Treibhauseffekt bei, sondern sie sind auch der Hauptverursacher für die Vernichtung der Ozonschicht in der Stratosphäre, die Menschen, Tiere und Pflanzen vor der schädlichen UV-B-Strahlung schützt. Diese Strahlung verursacht Hautkrebs und Grauen Star bei den Menschen, sie hemmt die Photosynthese vieler Pflanzen, und sie kann das Meeresplankton empfindlich schädigen. „Man kann mit Sicherheit davon ausgehen, daß das Leben auf der Erde, wie wir es jetzt kennen, ohne den Ozonschutz gegen UV-Strahlung nicht möglich gewesen wäre."[12] Daß Schäden nicht erst in Zukunft drohen, sondern bereits eingetreten sind, beweisen die Hautkrebserkrankungen im Einzugsgebiet des antarktischen Ozonlochs. Hautkrebs stellt hier ein großes Problem dar. Beispielsweise beträgt die Wahrscheinlichkeit, daß ein Australier daran stirbt, gegenwärtig etwa 3%, und sie nimmt stark zu.[13]

Die FCKW werden als Treibmittel in Sprühdosen, als Kühl-, Reinigungs- und Lösungsmittel sowie als Mittel zur Herstellung von Kunststoffschäumen verwendet.[14] Die Weltproduktion der FCKW ist in den 60er Jahren kräftig angestiegen. Sie erreichte 1974 einen Höhepunkt und ging dann wegen der Einschränkung der Verwendung als Treibmittel zurück. Die Anwendung für andere Zwecke hat jedoch beständig weiter zugenommen, so daß Mitte der 80er Jahre wieder das Niveau von Mitte der 70er Jahre erreicht wurde. Seither stagniert die Produktion auf hohem Niveau. Wegen ihrer langen Lebensdauer – 65 und 110 Jahre für die beiden schädlichsten FCKW F11 und F12 – tragen die vergangenen Emissionen noch lange Zeit zu einer Zunahme der UV-B-Strahlung und zum Treibhauseffekt bei. Ein Teil der Wirkung wird sich erst in der Zukunft zeigen, denn die Gase benötigen 10–20 Jahre, bis sie in der Stratosphäre angekommen sind.

---

[12] Crutzen, P.J., Menschliche Einflüsse auf das Klima und die Chemie der globalen Atmosphäre, in: Crutzen, P.J. und Müller, M. (Hrsg.), Das Ende des blauen Planeten? a.a.O., S. 25.

[13] Vgl. Crutzen, P.J., Das Ozonloch hat fast eine Revolution in Gang gesetzt, in: Die Welt, 02.10.1989, S. 7.

[14] Vgl. zu den Einsparmöglichkeiten Brackemann, H., u. a., Anwendungsbereiche – Verfahren, Verbrauch und Emission, Minderungsmöglichkeiten, in: Umweltbundesamt (Hrsg.), Verzicht aus Verantwortung: Maßnahmen zur Rettung der Ozonschicht, Berlin 1989, S. 66ff.

Der Konzentrationsgrad der FCKW in der Stratosphäre liegt heute bei etwa 3,5 ppb (gemessen am Chlorgehalt). Wenn man die Konzentration in der ersten Hälfte des nächsten Jahrhunderts bei 4 ppb konstant halten wollte, müßten die Emissionen bis 1999 gegenüber dem Stand von 1986 um 85% reduziert werden. Bei diesem Szenario würde sich für den Zeitraum von 2000 bis 2025 ein ungefähr konstanter Ozonverlust (Gesamtozon) von etwa 2% gegenüber 1975 ergeben. Das ist eine Größenordnung, die nach Ansicht der Fachleute nicht vertretbar ist.[15] Ein niedrigerer Zielwert als die 4 ppb würde praktisch auf ein vollständiges Verbot der FCKW hinauslaufen. Selbst dann wird die Ozonschicht noch weiter zerstört, weil sich die FCKW durch Ozonumwandlung abbauen. Auf der anderen Seite bildet sich Ozon nur sehr langsam auf natürliche Weise in der Stratosphäre zurück. Es würde selbst bei Nullemission mehr als 100 Jahre dauern, bis das stratosphärische Ozon wieder etwa seinen natürlichen Pegel erreichen könnte.[16] Und während dieser Zeit wären Menschen, Tiere und Pflanzen der erhöhten UV-B-Strahlung ausgesetzt.

Auf die Ozonproblematik hat die Politik inzwischen reagiert. Der erste Schritt wurde mit dem Wiener Abkommen zum Schutz der Ozonschicht vom März 1985 getan, in dem sich die wichtigsten FCKW-produzierenden Länder bereiterklärten, die FCKW-Produktion einzuschränken, ohne daß aber konkrete Reduktionen vereinbart wurden. Nachdem 1985 das Ozonloch über der Antarktis entdeckt wurde und Öffentlichkeit und Wissenschaft alarmiert wurden und nachdem die Verwender und Hersteller in den USA und in Europa 1986 einverstanden waren, die FCKW-Produktion zu beschränken, kam 1987 das Montrealer Protokoll zustande, das am 01.01.1989 in Kraft getreten ist. Es sieht die Reduktion von fünf FCKW (F11, 12, 113, 114, 115) in zwei Schritten bis 1999 um insgesamt 50% gegenüber 1986 vor. Die Entwicklungsländer sollen erst Ende des Jahrhunderts mit der Reduktion beginnen. Die Einsicht, daß ein wirksamer Schutz der Ozonschicht den totalen FCKW-Verzicht verlangt, führte im Mai 1987 zur Konferenz in Helsinki. Hier wurde jedoch nur die Empfehlung eines weltweiten Stopps ausgesprochen. Den Durchbruch brachte die Londoner Konferenz vom Juni 1990. Die 60 Vertragsstaaten des Montrealer Protokolls, dem inzwischen auch China und Indien beigetreten sind, einigten sich darauf, Produktion und Verbrauch bis Anfang des nächsten Jahrhunderts einzustellen (für 4 Stoffgruppen bis zum Jahr 2000 und für die 5. Stoffgruppe bis zum Jahr 2005). Ausnahmeregelungen lassen eine Verzöge-

---

[15] Vgl. Enquete-Kommission, Erster Zwischenbericht, a.a.O., S. 149.
[16] Vgl. Crutzen, P.J., Menschliche Einflüsse auf das Klima und die Chemie der globalen Atmosphäre, a.a.O., S. 36.

rung bis zum Jahr 2015 zu. Die Industrieländer dürfen alle Reduktionsstufen um 10%, die jeweils letzte Stufe um 15% überschreiten, wenn dies zur Deckung des Bedarfs der Entwicklungsländer geschieht. Die Entwicklungsländer können ihre Reduktionsverpflichtungen um 10 Jahre hinausschieben.[17]

---

[17] Vgl. Enquete-Kommission, Dritter Bericht, a.a.O., S. 199ff. Die Enquete-Kommission hält einen schnelleren Ausstieg aus den FCKW, auch unter Einbeziehung der nichtgeregelten teilhalogenierten FCKW, für einen umfassenden Schutz der Erdatmosphäre für notwendig. Vgl. ebda. S. 47.

2 Einigung auf globale Umweltziele

Ein einzelnes Land kann keine globale Umweltpolitik betreiben. Dazu ist es zu klein. Selbst ein totaler Emissionsstopp, etwa von CO_2, hätte keinen fühlbaren Effekt. Selbst für große Emittenten wie die USA ständen die Vermeidungskosten in keinem Verhältnis zu den Nutzen. Die Nutzen-Kosten-Bilanz wäre stark negativ. Aus eigenen Stücken würde kein Land den Treibhauseffekt bekämpfen. Handeln würde ein Land nur, wenn es weiß, daß die anderen Staaten folgen werden. Die globale Erwärmung ist ein weltweites Problem, das international bekämpft werden muß. Es ist eine gemeinsame Politik möglichst aller – mindestens aber der wichtigsten – Staaten notwendig (vgl. Tabelle 2).

Je mehr Länder sich beteiligen, um so wirksamer sind die Emissionsreduktionen und um so geringer sind die Vermeidungskosten, die pro Kopf

Tabelle 2. Energiebedingte CO_2-Emissionen, Anteile an den weltweiten Emissionen

			Bundesrepublik Deutschland (mit ehemaliger DDR)
USA 23,8%	UdSSR 18,6%	VR China 10,1%	5,3%
Japan 4,6%	Großbritannien 3,4%	Indien 2,7%	Polen 2,4%
Kanada 2,2%	Frankreich 1,9%	Italien 1,8%	Südafrika 1,5%
Mexiko 1,3%	Australien 1,2%	Tschechoslowakei 1,2%	Niederlande 1,1%
Spanien 1,0%	Brasilien 0,9%	übrige Staaten 15%	

Auf die 4 (10, 18) größten Emittenten entfallen 58 (75, 85)%.

Quelle: Enquete-Kommission Vorsorge zum Schutz der Erdatmosphäre, Dritter Bericht zum Thema Schutz der Erde, Deutscher Bundestag, 11. Wahlperiode, Drucksache 11/8030, 24.05.1990, S. 34f.

aufgebracht werden müssen. Erst von einer kritischen Gruppengröße ab wird die Nutzen-Kosten-Bilanz für die Mitglieder positiv. Wenn viele Länder zusammenarbeiten, wird auch ein höheres Umweltziel angestrebt, weil der Gesamtnutzen aus dem Umweltschutz stärker bei den Entscheidungsträgern internalisiert wird.

Zu einer internationalen Umweltpolitik zu gelangen, ist wesentlich schwieriger als die Durchsetzung des Umweltschutzes im nationalen Bereich. Die Staaten sind souverän und verfolgen ihre eigenen Interessen. Sie können die Ressourcen auf ihrem Territorium so ausbeuten, wie sie es wollen. Völkerrechtliche Normen für die Regulierung globaler externer Effekte gibt es nicht. Kein Staat kann verpflichtet werden, einem internationalen Umweltschutzabkommen beizutreten.

Schwierigkeiten entstehen, weil die Länder dem Schutz der Atmosphäre nicht die gleiche Dringlichkeit beimessen und weil manche Länder versuchen können, durch strategisches Verhalten Verteilungsvorteile zu erlangen. Bei der Bekämpfung des Treibhauseffektes stellt sich das typische Öffentliche-Guts-Problem: Von der Umweltverbesserung kann niemand ausgeschlossen werden. Wer sich nicht an den Kosten beteiligt, hat dennoch einen Nutzen (und verbessert außerdem seine internationale Wettbewerbsposition). Eigene zusätzliche Anstrengungen hätten keinen fühlbaren Effekt. Es besteht deshalb ein Anreiz, sich als Freifahrer zu verhalten und entweder einer Umweltgemeinschaft fernzubleiben oder nur einen unterproportionalen Beitrag (Ausnahmeregelung) zu übernehmen. Dieses Verhalten ist aus nationaler Sicht rational, sofern man Grund zu der Annahme hat, daß die anderen Staaten die erwarteten Umweltmaßnahmen tatsächlich ergreifen werden. Kleine, wirtschaftlich schwache Länder können von dieser Erwartung ausgehen. Für die führenden Länder ist dagegen absehbar, daß bei eigener Zurückhaltung die anderen Staaten ebenfalls nichts unternehmen werden, so daß überhaupt keine Politik zustande kommt. Für sie kommt dieses Verhalten nicht nur nicht in Frage, sondern sie sind es, die die Initiative ergreifen müssen, wenn etwas geschehen soll. Deshalb wird das Zustandekommen einer internationalen Konvention am Freifahrerverhalten nicht scheitern. Wohl kann es dazu kommen, daß kleine Länder dem Abkommen fernbleiben oder ihnen (als Gruppe) Sonderregelungen eingeräumt werden müssen.

In der Bewertung des globalen Umweltschutzes besteht der Hauptgegensatz zwischen den Industrie- und den Entwicklungsländern. Die Nutzen- und Kostenfunktionen differieren systematisch zwischen diesen beiden Gruppen. Umweltschutz ist eher ein superiores Gut, dem erst von höheren Einkommen ab – nach Deckung der Grundbedürfnisse – größere Bedeutung beigemessen wird. In Ländern, in denen nicht nur der Lebensstandard generell niedrig ist, sondern große Bevölkerungsteile am Rande des Existenzminimums leben, besteht nicht viel Spielraum für den Umwelt-

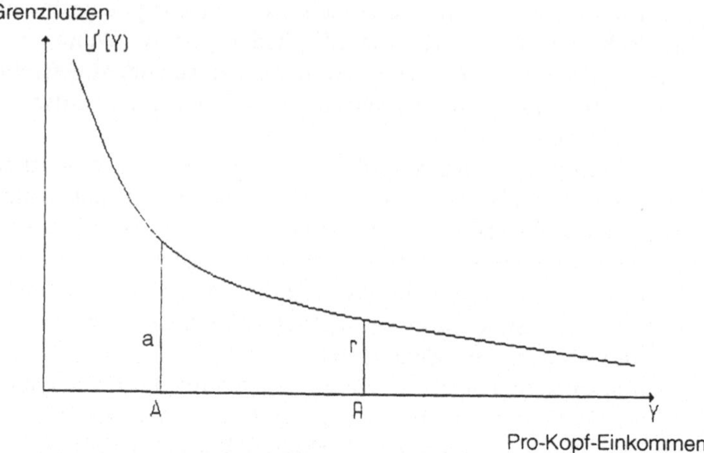

Abb. 1. Die Einkommens-Nutzen-Funktion (Nutzeneinbuße verbunden mit einem Einkommensrückgang um eine Einheit im „armen" und im „reichen" Land: a, r. *U′(Y)* = Grenznutzen des Einkommens)

schutz. Umweltschutz erfordert den Einsatz knapper Ressourcen, die zu Lasten der Versorgung mit Konsumgütern gehen. Die Verringerung des materiellen Lebensstandards verursacht hohe Nutzenopfer. (Bei Annahme der traditionellen Einkommens-Nutzen-Funktion mit fallendem Grenznutzen ist die Nutzeneinbuße (das Opfer) aus der Verringerung des Realeinkommens um eine Einheit bei hohem Lebensstandard – R = Industrieland – wesentlich geringer als beim Armutsniveau – A = Entwicklungsländer –, vgl. Abb. 1). Verstärkt wird dieser Kontrast durch die wesentlich ungünstigeren Bedingungen für die Schadstoffvermeidung in den Entwicklungsländern. Das niedrigere technische Niveau und der Kapitalmangel sind verantwortlich für die relativ hohen Vermeidungskosten. Die Einigung auf eine internationale Umweltkonvention setzt voraus, daß es zwischen den hochentwickelten Industrieländern und den Entwicklungsländern zu einem Interessenausgleich kommt.

In einem internationalen Abkommen sind drei grundsätzliche Dinge zu regeln, das anzustrebende ökologische Ziel und die daraus abgeleiteten Reduktionen der globalen Emissionen, die Aufteilung der Reduktionen auf die wichtigsten Spurengase und die Aufgaben- und Lastenverteilung auf die einzelnen Länder. Darüber hinaus kann es nützlich sein, das nationale Instrumentarium zu vereinheitlichen.

2.1 Das ökologische Ziel

Die Staaten müssen sich darauf einigen, welche Klimaänderung sie tolerieren wollen. Geeignete Zielgröße hierfür ist die mittlere globale Temperatur auf der Erde in Bodennähe. Die Klimaforschung geht davon aus, daß die unbelastete Vegetation vermutlich einer Temperaturerhöhung von 0,1°C pro Dekade gerade noch unbeschadet folgen kann. Eine bereits belastete Vegetation – wie etwa die vom Waldsterben bedrohten Wälder in großen Teilen Europas – werden schon durch eine geringere Erwärmung irreversibel geschädigt.[18] Die Deutsche Meteorologische Gesellschaft und die Deutsche Physikalische Gesellschaft haben deshalb als Obergrenze eine mittlere globale Erwärmung von 1–2°C gegenüber 1850 im nächsten Jahrhundert genannt.[19] Die Enquete-Kommission zieht daraus den Schluß, daß bis zum Ende des nächsten Jahrhunderts eine Erwärmungsobergrenze von etwa 2°C gegenüber dem vorindustriellen Niveau (etwa 1°C gegenüber heute) einzuhalten ist.[20]

Aus ökonomischer Sicht sollten bei der Bestimmung eines ökologischen Ziels möglichst die Nutzen und Kosten gegeneinander abgewogen werden. Solange die Nutzen aus der Verminderung des Temperaturanstiegs die Kosten übersteigen, sollte das Ziel angehoben werden. Die Nutzen entsprechen den vermiedenen Schäden aus der Klimaveränderung – im Prinzip addiert für alle betroffenen Menschen auf der Erde, auch der zukünftigen Generationen – und die Kosten den Mehraufwendungen aus der Vermeidung der Spurengasemissionen, d. h. den Nutzeneinbußen aus der Verringerung des Lebensstandards. Anders formuliert, ein Temperaturanstieg ist so lange akzeptabel, wie die dadurch bedingten zusätzlichen Schäden auf der Welt geringer sind als die eingesparten Vermeidungskosten.

Der von den Klimaforschern angegebene Zielkorridor läßt sich ökonomisch folgendermaßen interpretieren: Da bei Überschreiten einer Erwärmung von 2°C in vielen Regionen der Erde katastrophale Klimaveränderungen drohen, ein geringerer Temperaturanstieg andererseits durchaus noch tolerierbar erscheint, stellt dieser Wert eine kritische Obergrenze dar. Wird der Wert überschritten, tendiert der Schaden gegen unendlich. Andererseits gilt eine gewisse globale Erwärmung als unvermeidlich und die Einhaltung der Obergrenze als möglich. Die Vermeidungskosten zur Zielerreichung erscheinen deshalb durchaus tragbar („endlich"). Mehr zu

---

[18] Vgl. Enquete-Kommission, Dritter Bericht, a.a.O., S. 29.
[19] Vgl. Enquete-Kommission, Erster Zwischenbericht, a.a.O., S. 215.
[20] Vgl. Enquete-Kommission, Dritter Bericht, a.a.O., S. 232.

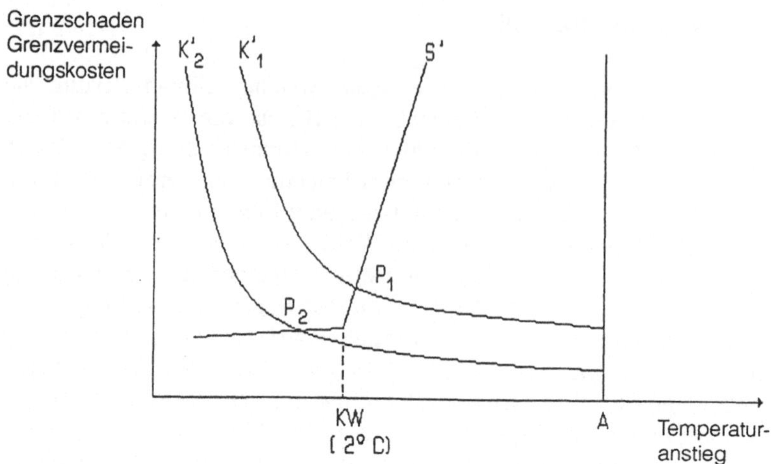

Abb. 2. Kritischer Wert der Erwärmung und ökonomische Optima (A = Temperaturanstieg ohne Vermeidungskosten, KW = Kritischer Wert, S' = Grenzschadensfunk-
tion, K' = Grenzvermeidungskostenfunktionen, P_1, P_2 = Schnittpunkte, die die
ökonomisch optimalen Erwärmungsgrade bestimmen)

wollen, würde sehr hohe Kosten verursachen. Die implizierte Nutzen-
Kosten-Konstellation ist in Abb. 2 graphisch dargestellt. Sie macht folgendes deutlich: Der Verlauf der Schadensfunktion engt den Bereich für das
ökonomisch optimale Zielniveau stark ein. Bei einem Anstieg der Temperatur über 2°C hinaus würden quasi unendlich hohe zusätzliche Schäden
entstehen, die durch die endlichen Vermeidungskosten nie aufgewogen
werden könnten. Der zu tolerierende Temperaturanstieg kann nicht über
dem kritischen Wert liegen. Der kritische Wert stellt die Untergrenze dar.
Wohl mag ein geringerer Temperaturanstieg akzeptiert werden. Die rasch
abnehmenden Schäden und stark ansteigenden Kosten bei zunehmender
Vermeidung sorgen aber dafür, daß der Zielwert in der Nähe der
Untergrenze liegen muß. Der mögliche Fehler gegenüber dem unbekannten
ökonomischen Optimalwert ist nicht groß, wenn man den naturwissen-
schaftlich abgeleiteten kritischen Wert heranzieht. Zur Begründung dieser
Aussage benötigt man keine numerischen Angaben über die Nutzen- und
Kostenfunktionen. Es genügen die Annahmen über die Steigungsverhält-
nisse der Funktionen.

Der Zielwert von 2°C erscheint so auch aus ökonomischer Perspektive
plausibel. Eine „vermeidbare Katastrophe" zu verhindern, ist immer
sinnvoll. Die Klimaschäden treffen viele Menschen und Generationen in
ihrer Existenz. Um sie zu vermeiden, sind zwar weltweit drastische
Emissionseinschränkungen notwendig, die aber auf längere Sicht technisch
durchaus möglich erscheinen und lediglich eine Einschränkung im mate-

riellen Lebensstandard, vielleicht sogar nur in den Zuwächsen des Lebensstandards, verlangen.

Die Ökonomie betont zwar prinzipiell richtig, daß Kosten und Nutzen für die Zielbestimmung wichtig sein sollten, sie steht aber hier vor dem Dilemma, daß die Effekte nicht quantifizierbar sind. Weder die Schäden noch die Kosten lassen sich in einer Zahl ausgedrücken. Die Lebensbedingungen würden sich so grundlegend überall auf der Erde verändern, daß es unmöglich wäre, das zu quantifizieren. Die Ökonomie kann deshalb wenig zur wissenschaftlichen Fundierung eines Zielwertes beitragen. Ihr bleibt nichts anderes übrig, als das von den Naturwissenschaftlern vorgetragene oder auch von der Politik formulierte Ziel als vorgegeben zu betrachten und sich darauf zu beschränken, aufzuzeigen, wie das Ziel am effizientesten – und eventuell auch am gerechtesten – zu erreichen und welches Instrumentarium dafür am besten geeignet ist.

2.2 Unterziele für die verschiedenen Spurengasemissionen

Der Treibhauseffekt kann eingeschränkt werden durch

- Reduktion der CO_2-Freisetzungen bei der Verbrennung fossiler Energieträger, d. h. durch Einschränkung des Verbrauchs dieser Stoffe,
- Verminderung der anderen Spurengase und
- Erhaltung der Regenwälder und Aufforstungen.

Es läßt sich für das globale Temperaturziel die noch tolerierbare äquivalente CO_2-Emissionsmenge bestimmen. Daraus ergibt sich die erforderliche Reduktion gegenüber dem heutigen Emissionsniveau. Deshalb stellt sich die Aufgabe zu bestimmen, auf welche Weise diese Reduktion erreicht werden soll. Für die drei genannten Vermeidungsstrategien sind Unterziele zu formulieren. Den Hauptbeitrag muß zwar die Einschränkung des Verbrauchs fossiler Brennstoffe leisten, aber auch die anderen Spurengase sind mit ihrem Anteil am Treibhauseffekt von zusammen 50 % so gewichtig, daß sie in die Politik einbezogen werden sollten.

Aus ökonomischer Sicht sollte die Aufteilung nach Kostenminimierungsgesichtspunkten vorgenommen werden. Dieses Postulat impliziert, daß knappe Ressourcen möglichst nicht verschwendet werden sollten. Wir wollen uns dieses Effizienzziel auf die ganze Welt bezogen vorstellen.

Die Treibhauswirkungen der einzelnen Spurengase lassen sich für die Emissionen angeben. Sie hängen wesentlich von der spezifischen Strahlungsabsorption der Gase und ihrer Verweildauer in der Atmosphäre ab. Das spezifische emissionsbezogene Treibhauspotential eines Gases (im Verhältnis zu CO_2 gibt an, wieviel Strahlung langfristig in der Atmosphäre durch die Emission eines Kilogramms eines Treibhausgases absorbiert

Tabelle 3. Relative emissionsbezogene Treibhauspotentiale der wichtigsten anthropogenen Spurengase

Treibhausgas	Verweildauer in Jahren	THP		
		20 Jahre	100 Jahre	500 Jahre
CO_2	120	1	1	1
CH_4	10	63	21	9
N_2O	150	270	290	190
NO_x*		150	40	14
FCKW11	60	4500	3500	1500
FCKW12	130	7100	7300	4500

* Ozon (troposph.).

Quelle: Enquete-Kommission Vorsorge zum Schutz der Erdatmosphäre, Dritter Bericht zum Thema Schutz der Erde, Deutscher Bundestag, 11. Wahlperiode, Drucksache 11/8030, 24.05.1990, S. 133 (Tabellen 10 und 11).

wird.[21] Tabelle 3 enthält die Werte. Die Angaben beziehen sich auf unterschiedliche Zeithorizonte, womit berücksichtigt wird, daß die Gase unterschiedlich schnell aus der Atmosphäre verschwinden. Das Treibhaus-

---

[21] Vgl. Enquete-Kommission, Dritter Bericht, a.a.O., S. 133 und Climate Change, The IPCC Scientific Assessment, a.a.O., S. 58ff. Vgl. dort auch zur Berechnungsmethode. Die Berechnung erfolgt nach der Formel

$$THP = \frac{\int_0^n a_i c_i \, dt}{\int_0^n a_{CO2} c_{CO2} \, dt}.$$

Es bedeuten: a_i = unmittelbare Strahlungsabsorption durch eine Erhöhung der Spurengaskonzentration um eine Einheit des Gases i; c_i = Konzentration des Gases i, die im Zeitpunkt t (nach der Emission im Zeitpunkt 0) verbleibt (c fällt im Zeitablauf); n = Anzahl der Jahre, für die die Rechnung aufgestellt wird (Lebenszeit der Gase).– Die entsprechenden Werte für CO_2 befinden sich im Nenner. Als besondere Probleme stellen sich bei dieser Berechnung:
– die Schätzung der Lebenszeit der Spurengase,
– die hier nicht erfaßte Abhängigkeit der Strahlungsabsorption von der Konzentration $a_i(c_i)$ und
– indirekte Effekte der Emissionen, die hier unberücksichtigt bleiben.

potential eines Kilogramms Methan ist beispielsweise 63mal höher als das von CO_2, wenn man eine Periode von 20 Jahren zugrunde legt. Über eine Periode von 100 Jahren ist es nur 21mal höher.

Damit der Anstieg der globalen Temperatur auf 2°C begrenzt wird, darf die Strahlungsabsorption durch die Emissionen einen bestimmten Betrag, A, nicht überschreiten. Betrachten wir nur die beiden Treibhausgase C und M (Emissionsmengen) mit den Absorptionskoeffizienten c und m, dann muß die Bedingung

$$A = c \cdot C + m \cdot M \tag{1}$$

erfüllt sein. Die Vermeidungskostenfunktionen für die beiden Spurengase sollen unterschiedlich sein und die Eigenschaft aufweisen, daß die Kosten – bei gegebener Technik – mit zunehmender Vermeidung überproportional zunehmen. Zur Bestimmung der kostengünstigsten Vermeidungsstrategie sind die Gesamtkosten K(C) + K(M) unter der Nebenbedingung (1) zu minimieren. Nach dem Lagrange-Ansatz erhält man als Bedingung

$$\frac{K'(C)}{K'(M)} = \frac{c}{m}. \tag{2}$$

Das Verhältnis der marginalen Emissionsvermeidungskosten muß dem Verhältnis der spezifischen Treibhauswirkungen der beiden Gase entsprechen. Oder anders formuliert: Die Kosten einer zusätzlichen Verringerung der Strahlungsabsorption müssen für beide Schadstoffe gleich sein. Bei gleichen Kostenfunktionen sollten Spurengase mit hoher spezifischer Treibhauswirkung stärker eingeschränkt werden als andere, ebenso wie bei gleicher Treibhauswirksamkeit Vermeidungen vor allem bei den Spurengasen vorgenommen werden sollten, bei denen dies am billigsten möglich ist.

CO_2 hat die geringste spezifische Treibhauswirkung. Deshalb schlägt auch seine Einschränkung am wenigsten durch. Die Reduktion der anderen Emissionen ist wesentlich wirksamer. Methan hat einen Mulitplikator von 63 (21 bezogen auf 100 Jahre), Lachgas von 270 (290 bezogen auf 100 Jahre) und die FCKW von 4500–7100 (3500–7300 bezogen auf 100 Jahre).[22] Die Vermeidung dieser Emissionen verträgt deshalb wesentlich höhere Kosten. Es ist nicht anzunehmen, daß die Kostenfunktionen auch nur entfernt so stark divergieren. Die CO_2-Einschränkung durch Verminderung des Verbrauchs fossiler Brennstoffe ist kaum wesentlich billiger als die FCKW-

---

[22] Die Treibhauswirkung von Methan wird noch durch indirekte Wirkungen verstärkt, weil sich Ozon, CO_2 und Wasserdampf aus Methan bilden können. Vgl. Enquete-Kommission, Dritter Bericht, a.a.O., S. 133.

Reduktion. Die CO_2-Emissionen sind hauptsächlich energiebedingt, die Methan-Emissionen zu einem wesentlichen Teil ernährungsbedingt. Vermutlich sind die Kosten der Ernährungsumstellung zumindest in wichtigen Fällen höher: Solange es für den Naßfeldreisanbau keine technischen Alternativen gibt und die asiatischen Länder stark auf Reis als Nahrungsmittel angewiesen sind, dürfte die Substitution hier teurer sein als Maßnahmen der Energieeinsparung in den Industrieländern. Für die anderen Methanquellen (Erdöl- und Erdgasgewinnung sowie -transport, Kohlebergbau, Mülldeponien, Großviehzucht) gilt das wahrscheinlich nicht. Für die Stickoxide dürften die Unterschiede ebenfalls nicht groß sein. Sie sind ebenso wie CO_2 energiebedingt, für ihre Vermeidung gibt es aber Rückhaltetechniken. Das spricht dafür, daß die volkswirtschaftlichen Vermeidungskosten hier sogar geringer sind als bei CO_2.

Das Fazit aus diesen Überlegungen ist: Die Emissionen sollten nicht gleichmäßig eingeschränkt werden. Die Reduktionen sollten sich auch nicht auf CO_2 beschränken. Beides wäre unwirtschaftlich. Die internationale Politik sollte sich auf eine differenzierte Strategie einigen. Die prozentualen Reduktionen der Emissionen sollten bei den FCKW-Emissionen am stärksten und bei den CO_2-Emissionen am geringsten sein. Durch eine solche Strategie lassen sich die weltwirtschaftlichen Kosten des globalen Umweltschutzes wesentlich senken.

Weitere Eingrenzungen lassen sich vornehmen, wenn exogene Faktoren, die sich aus anderen Umweltzielen ableiten, berücksichtigt werden. Wegen der Ozonproblematik sollte die Verwendung von FCKW vollkommen eingestellt werden.[23] Diese Forderung wird durch Effizienzüberlegungen zur Bekämpfung des Treibhauseffektes unterstrichen. Lachgas (N_2O) greift ebenfalls die Ozonschicht in der Stratosphäre an. Stickoxide und Ozon in der unteren Atmosphäre sind auch in anderer Hinsicht schädlich. Diese Doppelschädlichkeit, zusammen mit den Effizienzüberlegungen, spricht für eine überproportionale Reduktion dieser Emissionen.

Die CO_2-Vermeidungskosten aus der Erhaltung der Regenwälder (= Kosten der Nichtrodung, wie sie sich aus der Überführung der Urwälder in Naturschutzgebiete ergeben oder Mehrkosten einer umweltfreundlichen land- und forstwirtschaftlichen Nutzung, einschließlich der Wiederaufforstungskosten) sind für die Entwicklungsländer zwar (untragbar) hoch, was aber zählt, sind die Kosten für die Weltgemeinschaft. Da die Industrieländer ein großes Interesse an der Erhaltung der Regenwälder haben, sollte man annehmen, daß sie die Kosten zu übernehmen bereit sind. Durch Verteilung der Kosten auf eine sehr viel größere Bevölkerung und durch

---

[23] Vgl. zum Ozonzerstörungspotential der verschiedenen Chlorkohlenwasserstoffe Enquete-Kommission, Dritter Bericht, a.a.O., S. 292ff.

Einsatz moderner Techniken und Bereitstellung von Kapital lassen sich die CO_2-Vermeidungskosten erheblich senken. Dadurch wird die Erhaltung der Regenwälder zu einer konkurrenzfähigen Vermeidungsalternative. Da die Regenwälder noch andere wichtige Funktionen haben (Artenvielfalt, Genreservoir, Klimaeffekte etc.), sind auch hier zusätzlich exogene Faktoren bei der Zielfestlegung zu berücksichtigen. Die Weltgemeinschaft mißt möglicherweise den öffentlichen Gütern, Artenvielfalt und Genreservoir, einen sehr hohen Nutzen bei, der „alle" Kosten übersteigt. Dann sollten die Regenwälder in ihrem heutigen Bestand erhalten bleiben.

Die Enquete-Kommission hat Empfehlungen ausgesprochen, wie das Ziel, den Anstieg der globalen Temperatur auf 2°C bis zum Ende des nächsten Jahrhunderts zu begrenzen, erreicht werden könnte. Sie schlägt vor:[24]

– Die Verschärfung des Montrealer-Protokolls in der Fassung der 2. Vertragsstaatenkonferenz von London im Sinne eines Ausstiegs aus den FCKW – ohne Ausnahmeregelungen – bis zum Jahre 2000 und für teilhalogenierte FCKW bis zum Jahre 2005.
– Einen Tropenwald-Rettungsplan, der folgendes vorsieht:[25] In der ersten Stufe (von 1990 bis zum Jahr 2000) soll die jährliche Waldvernichtungsrate die Vernichtungsrate des Jahres 1980 nicht überschreiten. Besonders bedrohte Primärwälder sind durch ein Sofortprogramm zu retten. In der zweiten Stufe (bis zum Jahre 2010) soll die Waldvernichtung gestoppt werden, so daß der absolute Flächenbestand nicht weiter abnimmt. In der dritten Stufe, von 2010–2030, sollen Aufforstungen den Waldbestand wieder auf den Umfang von 1990 anwachsen lassen.
– Die energiebedingten CO_2-Emissionen sollen weltweit bis zum Jahre 2050 um mindestens 50% gegenüber 1987 von 20,5 Mrd. Tonnen auf 10,25 Mrd. Tonnen reduziert werden. Die Industrieländer sollen ihre Emissionen um 80% einschränken. In den Entwicklungsländern soll die Zunahme der Emission auf 70% beschränkt werden (vgl. Tabelle 4).

Modellrechnungen zeigen, daß sich durch diese Maßnahmen der zusätzliche Treibhauseffekt unter 2°C halten läßt (mittlerer Wert 1,61°C, Unsicherheitsbereich 1,08–2,38°C). Die Enquete-Kommission empfiehlt, sich aus Vorsorgegründen eher an der oberen Klimasensitivität zu orientieren, so daß dann noch weiterführende Maßnahmen notwendig sind und hierbei

---

[24] Vgl. Enquete-Kommission, Dritter Bericht, a.a.O., S. 238f.
[25] Vgl. Enquete-Kommission, Zweiter Bericht zum Thema Schutz der tropischen Wälder, Deutscher Bundestag, 11. Wahlperiode, Drucksache 11/7220, 24.05.1990, S. 15f.

Tabelle 4. Reduktionsziele der Enquete-Kommission zur Verminderung der energiebedingten CO_2-Emissionen bis zu den Jahren 2005 und 2050

Ländergruppen	Reduktionsziele, in%, bezogen auf die Emissionen der Ländergruppen im Jahr 1987	
	bis 2005 mindestens	bis 2050 mindestens
Westliche und östliche Industrieländer zusammen	−20	−80
Wirtschaftsstarke westliche Industrieländer mit derzeit besonders hohen Pro-Kopf-Emissionen	−30	−80
Europäische Gemeinschaften insgesamt	−20 bis −25	−80
Entwicklungsländer zusammen	+50	+70
Weltweit	−5	−50

Quelle: Enquete-Kommission Vorsorge zum Schutz der Erdatmosphäre, Dritter Bericht zum Thema Schutz der Erde, Deutscher Bundestag, 11. Wahlperiode, Drucksache 11/8030. 24.05.1990, S. 51.

unbedingt die Treibhausgase CH_4 und N_2O in Betracht gezogen werden sollten.[26]

Die Empfehlungen der Enquete-Kommission konzentrieren sich also – abgesehen von den Vorschlägen zum Ausstieg aus den FCKW und zur Erhaltung der Regenwälder – auf die Einschränkung der energiebedingten CO_2-Emissionen. Dahinter steht die Vorstellung, daß die mit Abstand größte Emissionsquelle auch das größte Reduktionspotential aufweist. Aus ökonomischer Sicht ist dieser Ansatz zu grob. Es sollte möglichst eine differenzierte Strategie verfolgt werden, die von Anfang an auch die anderen Spurengase einbezieht. Es ist anzunehmen, daß auf diese Weise die Kosten des Umweltschutzes für die Staatengemeinschaft erheblich gesenkt werden könnten.

Unzweifelhaft muß der Hauptbeitrag zur Bekämpfung des Treibhauseffektes von der Verringerung der energiebedingten CO_2-Emissionen kommen. Einschränkungen der CO_2-Emissionen um 50% und mehr bis Mitte

---

[26] Vgl. Enquete-Kommission, Dritter Bericht, a.a.O., S. 238f.

des nächsten Jahrhunderts gegenüber 1987, wie sie für erforderlich angesehen werden, verlangen eine massive Einsparung von Energie und eine grundlegende Änderung des Energiesystems. Wie radikal die notwendigen Reduktionen sind, wird erst richtig deutlich, wenn man sich klarmacht, daß Bevölkerung und Produktion nicht auf dem Stand von 1987 stehen bleiben. Wenn wir eine jährliche Wachstumsrate des Weltsozialprodukts von 1,5% unterstellen, ist nach 60 Jahren der Energiemehrbedarf eines um etwa 250% größeren Sozialproduktes auszugleichen. Nehmen wir weiter vereinfachend an, daß der Kohlenstoffgehalt des Sozialprodukts konstant bleibt (unveränderte Energietechniken und Energieträgerstruktur), dann impliziert die 50%ige Reduktion eine Verringerung der Emissionen um 79%, bezogen auf das Jahr 2050. Die Bundesregierung hat sich als Ziel gesetzt, bis zum Jahr 2005 die CO_2-Emissionen um 25% gegenüber 1987 zu senken (altes Bundesgebiet). Unterstellt man eine jährliche Wachstumsrate des Sozialprodukts von etwa 2,5%, so hat sich das Sozialprodukt nach dieser Zeit um das 1,5fache erhöht. Bei konstantem Kohlenstoffgehalt des Sozialprodukts bedeutet die Rückführung der CO_2-Emissionen um 25% gegenüber 1987 dann eine Halbierung der hypothetischen Emissionen für das Zieljahr. Diese Rechnungen überschätzen zwar das Reduktionssoll, weil das zuwachsende Sozialprodukt mit umweltfreundlicherer Technik erstellt werden kann. Sie machen aber deutlich, daß die notwendigen Reduktionen wesentlich höher sind, als es in den Zahlen, bezogen auf das Basisjahr 1987, zum Ausdruck kommt.

Noch eine andere Rechnung mag die Größenordnung, um die es hier geht, verdeutlichen: Bei einer Weltbevölkerung von gegenwärtig etwa 5 Mrd. Menschen (1985 4,8 Mrd.) betragen die CO_2-Emissionen pro Kopf heute etwa 4 Tonnen. Man rechnet damit, daß sich die Weltbevölkerung bis zum Jahr 2050 verdoppeln wird. Die Einschränkung der Emissionen um 50% gegenüber heute würde dann einer Verringerung des CO_2-Ausstoßes pro Kopf auf 1 Tonne gleichkommen, also eine 75%ige Reduktion verlangen. Wenn die 50%-Regel einheitlich in der Welt zur Anwendung kommen würde, ergäbe sich eine sehr starke überproportionale Reduktion des CO_2-Ausstoßes pro Kopf in den Entwicklungsländern – denn hier konzentriert sich die Bevölkerungszunahme –, obwohl diese Länder bereits am Ende der weltweiten Verbrauchsskala stehen.

3 Aufgaben- und Lastenverteilung

Die Staaten müssen sich darauf einigen, wie die Vermeidungsmaßnahmen und die Kosten auf sie verteilt werden sollen. Die Aufteilung muß den unterschiedlichen Interessen gerecht werden. Wir wollen untersuchen, wie eine vernünftige politische Arbeitsteilung aus ökonomischer Sicht aussehen könnte.[27] Die Kriterien, auf die wir dabei zurückgreifen, sind die ökonomische Effizienz und Vorstellungen von Verteilungsgerechtigkeit. Die Kriterien lassen sich in Verbindung bringen mit dem Verursacher-, dem Gemeinlast- und dem Nutznießerprinzip.

Wir gehen im folgenden davon aus, daß für die drei Vermeidungsstrategien getrennte Vereinbarungen getroffen werden. Konkret vor Augen haben wir die Reduzierung der energiebedingten CO_2-Emissionen. Es geht dann um die Frage, um welche Prozentsätze die einzelnen Länder ihre CO_2-Emissionen bei gegebenem globalen Reduktionssoll einschränken sollten und ob die Lastenverteilung immer der Aufgabenverteilung entsprechen sollte.

Ein allgemeinerer Ansatz würde in der Festlegung einer einzigen Vereinbarung liegen, die formuliert ist für die äquivalente CO_2-Emissionsmenge. Dann bliebe es den einzelnen Ländern überlassen, ob sie sich stärker durch Reduktion der CO_2- oder beispielsweise der Methan-Emissionen anpassen wollen. Dieses Verfahren würde mehr Effizienz in der Vermeidung ermöglichen, erscheint aber zu kompliziert. Es würde auch gewisse Komplikationen aus den differenzierten Reduktionen der einzelnen Spurengase vermeiden, die dann auftreten können, wenn sich bestimmte Emissionen in bestimmten Ländern ballen (eventuell Methan-Emissionen in den asiatischen Ländern). Prinzipiell ist jedoch die Quotierung der Spurengase nicht mit einer bestimmten Aufgaben- und Lastenverteilung verbunden. Die Entscheidung über die einzelnen Länderbeiträge ist erst noch zu fällen. Möglichen Ungerechtigkeiten, die aus dem Grundansatz

---

[27] Vgl. zum Verteilungsaspekt auch Hartje, V.J., Verteilung der Reduktionspflichten – Problematik der Dritten-Welt-Staaten, in: Internationale Konvention zum Schutz der Erdatmosphäre, Enquete- Kommission Vorsorge zum Schutz der Erdatmospäre des Deutschen Bundestages (Hrsg.), Bonn und Karlsruhe 1990, S. 745ff.

folgen, wäre auf dieser Stufe zu begegnen, etwa durch einen Finanzausgleich. (Unsere späteren Überlegungen lassen sich auf diesen Aspekt übertragen.)

Grundsätzlich lassen sich zwei Politikkonzepte für die Regelung des CO_2-Problems unterscheiden: Entweder es werden einheitliche Maßnahmen für alle Beitrittsstaaten (mit eventuellen Ausnahmen für die Entwicklungsländer) festgelegt, oder es werden verbindliche nationale Reduktionsziele vereinbart. Beim ersten Konzept ergibt sich die Aufgaben- und Lastenverteilung als Reflex der Anpassungen in den Volkswirtschaften an die vorgegebenen Maßnahmen. Wenn man etwa eine einheitliche Abgabe oder ein globales Zertifikatssystem einführen würde, ergäbe sich eine Aufteilung der Emissionsvermeidungen nach den relativen Kosten. Staaten mit geringen Vermeidungskosten würden die CO_2-Emissionen relativ stark einschränken, und Länder mit hohen Kosten würden wenig für den Umweltschutz tun. Sofern es in den einzelnen Staaten keine rechtlichen Substitutionsbeschränkungen gibt, würde sich eine über die Welt effiziente Allokation einstellen.

Nach diesem Modell sind die Staaten ohne weiteres bereit, auf eine eigenständige Umwelt- und Energiepolitik zu verzichten. Diese Situation ist aber unrealistisch. Es ist nicht das Interesse der Länder, die weltwirtschaftlichen Kosten des globalen Umweltschutzes zu minimieren, sondern sie wollen die eigenen Kosten – innerhalb der notwendigen Solidaritätsgrenzen – möglichst niedrig halten. Deshalb kommt wohl nur das zweite Modell in Betracht. Es liegt auch dem Montrealer Protokoll zum Schutz der Ozonschicht zugrunde. Die Beitrittsstaaten nehmen hiernach selbstverantwortlich die Aufgabe der Emissionsreduktion wahr. Sie bestimmen, auf welchen Wegen und mit welchen Instrumenten das Reduktionsziel erreicht werden soll. Im Montrealer Protokoll sind die Reduktionsziele definiert mit Bezug auf eine Basisperiode (1987). Das ist ein einfacher Weg, der sich auch bei den anderen Treibhausgasen anbietet. Eine einfache Regel der Gleichbehandlung würde besagen, daß alle Beitrittsstaaten ihre Emissionen um den gleichen Prozentsatz reduzieren sollen. Diese Regel soll die Basis unserer Überlegungen bilden.

Es stellen sich dann weiter zwei zentrale Fragen: Welche Reduktionsquoten sollen für die Entwicklungsländer im Verhältnis zu den Industrieländern festgesetzt werden, und sollen die wirtschaftlich schwachen Länder durch Ausgleichszahlungen entlastet werden?

3.1 Verursacherprinzip

Da das Verursacherprinzip als zentrales Leitprinzip der nationalen Umweltpolitik weltweit Anerkennung findet, kann man auch erwarten, daß seine Ideen für das Verhältnis zwischen den Staaten eine gewisse Akzeptanz besitzen. So ist das Verursacherprinzip neben der Prävention und der Abkehr vom bloßen Wachstumsstreben die eine der drei Leitlinien der OECD-Umweltpolitik seit Anfang der 70er Jahre.[28] Die vorsichtige Übertragung auf das Verhältnis zwischen den Staaten klingt mit dem völkerrechtlichen Rücksichtnahmegebot der Abschlußdeklaration der Stockholmer Umweltkonferenz der Vereinten Nationen von 1972 an.[29] Die nationale Bedeutung des Verursacherprinzips ist von den Vereinten Nationen in ihren „Umweltperspektiven" von 1987 hervorgehoben worden. Dort heißt es: „Umweltschädigungen können nur dann eingedämmt bzw. rückgängig gemacht werden, wenn dafür Sorge getragen wird, daß die Schadensverursacher für ihr Handeln haftbar sind und sich bei freiem Zugriff zu den vorhandenen Kenntnissen an der Verbesserung der Umweltbedingungen beteiligen."[30] Deutliche Hinweise auf die nationale Verantwortung für grenzüberschreitende Umweltbelastungen finden sich in der „Europäischen Charta Umwelt und Gesundheit". Es heißt dort:[31] „Jede

---

[28] Vgl. Guiding Principles Concerning the International Economic Aspects of Environmental Policies (Adopted by the Council at its 293rd Meeting on 26th May, 1972), in: OECD, The Polluter Pays Principle, Paris 1975, S. 12ff.

[29] Diese Stockholmer Grundregel des Völkergewohnheitsrechts lautet: „Die Staaten haben nach Maßgabe der Charta der Vereinten Nationen und der Grundsätze des Völkerrechts das souveräne Recht zur Ausbeutung ihrer eigenen Hilfsquellen nach Maßgabe ihrer eigenen Umweltpolitik sowie die Pflicht, dafür zu sorgen, daß durch Tätigkeiten innerhalb ihres Hoheits- und Kontrollbereichs der Umwelt in anderen Staaten oder in Gebieten außerhalb ihres nationalen Hoheitsbereichs kein Schaden zugefügt wird." Zitiert nach Kloepfer, M., Umweltrecht, München 1989, S. 318.

[30] Umweltperspektiven der Vereinten Nationen – bis zum Jahr 2000 und danach – beschlossen von der Generalversammlung der Vereinten Nationen am 11. Dezember 1987 (A/RES/42/186), Berlin 1988, S. 10. Für die EG-Umweltpolitik ist ebenfalls neben dem Vorsorge- und Integrationsprinzip das Verursacherprinzip die zentrale Leitidee. Mit der Einheitlichen Europäischen Akte von 1986 wurde der EWG-Vertrag u. a. durch die folgende Bestimmung (Art. 130 r (2)) ergänzt: „Die Tätigkeit der Gemeinschaft im Bereich Umwelt unterliegt dem Grundsatz, Umweltbeeinträchtigungen vorzubeugen und sie nach Möglichkeit an ihrem Ursprung zu bekämpfen, sowie dem Verursacherprinzip. Die Erfordernisse des Umweltschutzes sind Bestandteile der anderen Politik in der Gemeinschaft." Vgl. zur Auslegung von Art. 130 r EWG-Vertrag, Vorwerk, A., Die umweltpolitischen Kompetenzen der Europäischen Gemeinschaft und ihrer Mitgliedstaaten nach Inkrafttreten der EEA, München 1990, S. 28ff.

[31] Vgl. Europäische Charta Umwelt und Gesundheit vom 7./8. Dez. 1989, verabschiedet von den für Umwelt und Gesundheit verantwortlichen Ländern von 29 Mitgliedstaaten der europäischen WHO-Region, abgedruckt in: Umwelt Nr. 1/ 1990, S. 27ff.

Regierung ... hat die Pflicht, innerhalb ihres Zuständigkeitsbereichs die Umwelt zu schützen, die Gesundheit zu fördern und zu gewährleisten, daß die Tätigkeiten in ihrem Zuständigkeits- und Einflußbereich nicht in anderen Ländern Gesundheitsschäden verursachen. Desweiteren tragen alle Regierungen und Behörden eine gemeinsame Verantwortung für den Schutz der globalen Umwelt."

Das Verursacherprinzip ist sowohl eine Effizienz- als auch eine Verteilungsnorm. Als Norm der gerechten Lastenverteilung stellt es auf die Verantwortlichkeit des Verursachers (Emittenten) für die Umweltbelastungen ab, als Effizienzregel enthält es die Forderung nach Internalisierung der externen Kosten (oder Vermeidungskosten).

Wenn wir eine gewisse nationale Verantwortlichkeit für die externen Schäden unterstellen, welche Schlüsse ergeben sich dann daraus für die Aufgaben- und Lastenverteilung? Die erste Konsequenz ist, daß jedes Land die Kosten für die Vermeidung der eigenen Emissionen selbst zu tragen hat. Lasten sollen nicht auf Dritte abgewälzt werden. Die zweite Folgerung könnte sein: Jedes Land ist für seinen Anteil am Treibhauseffekt verantwortlich. Offen ist, wie dieser Anteil bestimmt werden soll. Eine einfache Regel könnte auf den Anteil an den laufenden Gesamtemissionen abstellen. Der Schluß daraus wäre, daß alle Staaten ihre Emissionen nach dem gleichen Zeitplan und um den gleichen Prozentsatz kürzen sollten. Wenn weltweit die CO_2-Emissionen um 50% reduziert werden sollen, dann hätte das auch für jedes einzelne Land zu gelten.

Diese Regel wäre nicht nur einfach, sondern würde auch der heute in der Literatur häufig aufgestellten Forderung entgegenkommen, daß die Industrieländer den Hauptteil der Emissionsvermeidung tragen müßten, weil von ihnen die meisten Emissionen stammen. Bei gleicher prozentualer Kürzung entfällt auf die Industrieländer automatisch eine sehr viel größere absolute Reduktion als auf die Entwicklungsländer.

Der Treibhauseffekt ist aber auch Folge der vergangenen CO_2-Emissionen. Den Kausalitäten entspricht besser eine Aufgabenverteilung nach dem Anteil des einzelnen Landes an den kumulierten Emissionen, ausgehend von einer bestimmten Periode (etwa 1950). Weil auf die Industrieländer der Hauptteil der kumulierten Emissionen entfällt, würde dieses Postulat auf eine überproportionale Beteiligung dieser Länder an der Gesamtpolitik hinauslaufen. Entweder sie reduzieren ihre Emissionen überproportional, oder sie nehmen den Entwicklungsländern einen Teil ihrer Lasten (aus den proportionalen Reduktionen) ab. Kritisch könnte man hiergegen einwenden, daß die Schädlichkeit der Emissionen erst seit kurzem bekannt ist. Auch wenn das so nicht stimmt – schon in den 70er Jahren ist das Problem von der Wissenschaft erkannt worden[32] – ist dagegen zu sagen, daß die Industrieländer immerhin ökonomische Vorteile aus den Emissionen gezogen haben, und es deshalb gerechter ist, sie stärker bei der Lösung des Umweltproblems heranzuziehen. Mit diesem Argument wird auch die Anwendung des Verursacherprinzips bei der Altlastenbeseitigung gerechtfertigt. Obwohl die Deponie ursprünglich rechtens war, wird ex post den ehemaligen Emittenten eine Verantwortlichkeit zugewiesen. In der Bundesrepublik Deutschland wenigstens scheint diese Auffassung unstrittig zu sein. So heißt es in einer einschlägigen Untersuchung: „Bund, Länder, Gemeinden und Industrie verweisen für die Kostentragung bei Altlasten einhellig auf das Verursacherprinzip."[33]

So leitet sich aus dem Verursacherprinzip als Gerechtigkeitsnorm eine überproportionale Beteiligung der Industrieländer an der globalen Umweltpolitik ab, wobei noch offen ist, ob dieses Mehr in einer überproportionalen Reduktion der eigenen Emissionen oder in einer Beteiligung an den Kosten der Entwicklungsländer (bei gleicher Reduktionsquote) bestehen sollte. Diese Aussage gilt für CO_2-Emissionen (und wegen der langen Lebensdauer ebenfalls für Lachgas), bei Methan und insbesondere bei Ozon (Stickoxide) wäre auf die Anteile an den laufenden Emissionen abzustellen.

Darüber, wie die überproportionale Beteiligung der Industrieländer erfolgen sollte, könnte das Verursacherprinzip als Effizienznorm Aufschluß geben. Die Industriestaaten werden den Weg mit den geringsten Kosten bevorzugen. Statt die eigenen Emissionen überproportional zu senken, ist es – wenigstens innerhalb gewisser Grenzen – billiger, den Entwicklungsländern zusätzliche Emissionsreduktionen zu finanzieren. Gedacht ist hier an die rationellere Energienutzung und den Einsatz regenerativer Energien. Je höher der bereits erreichte Wirkungsgrad der Nutzung fossiler Energien ist, um so schwieriger wird es, die Vermeidung noch weiter zu steigern. Anstatt die bereits hohen Wirkungsgrade in den Industrieländern weiter anzuheben, kann es vorteilhaft sein, die niedrigen Wirkungsgrade in den Entwicklungsländern zu erhöhen. Die zusätzlichen Kosten für eine Steigerung des Wirkungsgrades von Kohlekraftwerken von 35% auf 40% in Industrieländern wäre beispielsweise wesentlich höher als eine Erhöhung des Effizienzgrades in Entwicklungsländern auf 35% (vgl. zu diesen Überlegungen Abb. 3).

---

[32] Im September 1980 bekundete die World Meteorological Organization, daß es sich bei dem CO_2-Problem um die größte Bedrohung der Menschheit handelt. Vgl. Michaelis, H., Energiepolitik und CO_2, in: Energiewirtschaftliche Tagesfragen, 38. Jg. (1988), S. 851.

[33] Schrader, Ch., Altlastensanierung nach dem Verursacherprinzip? Berlin 1988, S. 6.

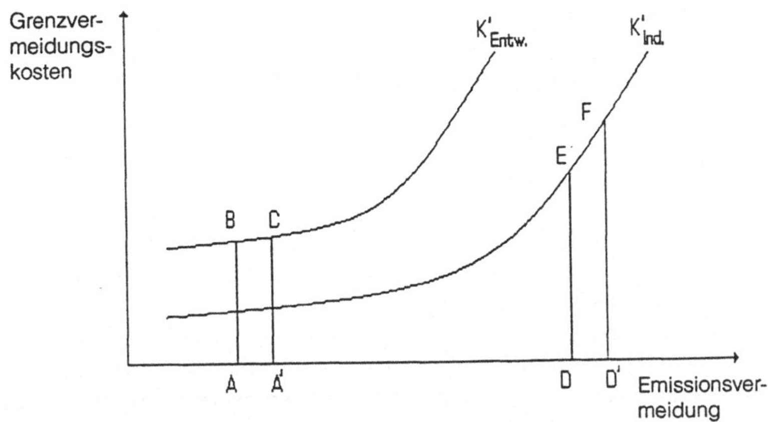

Abb. 3. Kosteneinsparung durch Verlagerung von Vermeidungsmaßnahmen in die Entwicklungsländer (*A, D* = Ausgangsvermeidungsniveaus in den Entwicklungs- und Industrieländern. Die gleiche zusätzliche Emissionsvermeidung A'– A = D'– D verursacht in den Industrieländern (Entwicklungsländern) Mehrkosten entsprechend der Fläche DD'EF (AA'BC))

Die Industrieländer fahren besser, wenn sie diese Kostendifferenzen ausnutzen. Maßnahmen im eigenen Land bringen höhere Realeinkommenseinbußen mit sich als Finanzhilfen. Der ökologische Effekt ist für sie in beiden Fällen gleich. Ob die Emissionen in ihrem Land oder woanders eingeschränkt werden, ist für sie irrelevant. Die Industrieländer können ihre Aufwendungen noch weiter senken, wenn sie den Entwicklungsländern ihre moderne Technik für Reduktionsmaßnahmen zur Verfügung stellen.

Man mag einwenden, daß Kosten auch Einkommen sind und Beschäftigungseffekte zur Folge haben. Eigene Umweltschutzmaßnahmen schaffen im Inland Beschäftigung. Finanzhilfen führen dagegen eher zu einem Nachfrageausfall. Dagegen ist zu sagen, daß merkliche Beschäftigungsrückgänge keineswegs zwingend sind und es – wie sonst auch – Aufgabe der Geld- und Finanzpolitik ist, sie zu vermeiden. Letztlich sind solche Überlegungen kurzsichtig, denn sie übersehen, daß die im Inland eingesparten Ressourcen produktiver für Konsumgüter eingesetzt werden könnten.

Diese Überlegungen laufen auf eine Flexibilisierung des Quotierungs-Modells hinaus. Feste nationale Reduktionsziele wahren zwar die Souveränität der Staaten, sind aber rigide im Hinblick auf Unterschiede in den Vermeidungskosten. Der Konflikt zwischen Souveränität und Effizienz kann entschärft werden, wenn die Übertragbarkeit von Reduktionspflichten zwischen Ländern kraft bilateraler Verträge zugelassen wird. Ein Land A muß sein CO_2-Reduktionssoll nicht auf seinem eigenen Territorium erfüllen, sondern sollte auch die Möglichkeit erhalten, dies im Ausland tun zu können, wenn das dort billiger ist. Die Reduktion im Ausland müßte auf sein Soll anrechenbar sein (Glockenlösung).

3.2 Gemeinlastprinzip

Beim Gemeinlastprinzip werden die Kosten des Umweltschutzes der Allgemeinheit über Steuern angelastet. Die Emittenten können zwar zu Vermeidungsmaßnahmen verpflichtet werden, sie erhalten aber einen Teil der Kosten ersetzt. Für die Anwendung des Gemeinlastprinzips in der nationalen Umweltpolitik gibt es mehrere Gründe: mangelnde Identifizierbarkeit der Emittenten, etwa bei Altlasten; mangelnde Zugriffsmöglichkeit auf Emittenten, weil sie im Ausland angesiedelt sind, und Erleichterung der Anpassung der Wirtschaft an verschärfte Auflagen durch flankierende Finanzhilfen. Ein weiteres wichtiges Motiv ist die verteilungspolitische Rücksichtnahme auf bestimmte Bevölkerungskreise. So wird auf kostendeckende Gebühren bei öffentlichen Entsorgungseinrichtungen deshalb verzichtet, weil man die unteren Einkommensschichten nicht zu stark belasten will. Oder wirtschaftlich gefährdeten Betrieben werden die Kosten der Altlastenbeseitigung erlassen. Gelegentlich wird sogar für ganze Branchen (Landwirtschaft) das Verursacherprinzip außer Kraft gesetzt („Wasserpfennig"), weil man glaubt, den überwiegend einkommensschwachen Betrieben die Vermeidungskosten nicht zumuten zu können.

Es liegt nahe, diese Anlastungsidee auf das Verhältnis der Industrie- zu den Entwicklungsländern zu übertragen. Die Bevölkerung in den Entwicklungsländern lebt häufig an der Armutsgrenze (soziales Argument), und gegenüber den Industrieländern besteht ein starkes Einkommensgefälle (verteilungspolitisches Argument i.e.S.). Bedürftigkeit und starke Unterschiede im Lebensstandard geben im nationalen Bereich die Gründe dafür ab, daß Sozial- und Verteilungspolitik betrieben wird. Die gleichen Motive können die Industrieländer veranlassen (auch durchaus eigennützig, um internationalen Konflikten und großen Wanderungsbewegungen in ihre Länder vorzubeugen), den wirtschaftlich schwachen Ländern im Umweltschutz zu helfen. Daß diese positive Haltung gegenüber den Entwicklungsländern grundsätzlich besteht, geht etwa aus den „Umweltperspektiven" der Vereinten Nationen hervor. Danach sind sich die Regierungen in folgenden Punkten einig:

- „Das Ungleichgewicht der derzeitigen weltwirtschaftlichen Bedingungen macht es außerordentlich schwierig, die globale Umweltsituation nachhaltig zu verbessern; eine beschleunigte und ausgeglichene weltweite Entwicklung und dauerhafte Verbesserungen der globalen Umwelt

erfordern bessere weltwirtschaftliche Bedingungen, insbesondere für die Entwicklungsländer;
- da eine häufige Ursache von Umweltschädigungen die Massenarmut ist, sind deren Beseitigung und die Gewährleistung eines gerechten Zugangs der Menschen zu den Umweltressourcen wesentlich für nachhaltige Umweltverbesserungen;
- Umweltfragen stehen in einem engen Sachzusammenhang mit der Entwicklungspolitik und entwicklungspolitischen Maßnahmen; die umweltpolitischen Ziele und Maßnahmen müssen daher zu den Zielen und Strategien der Entwicklungspolitik in Beziehung gesetzt werden;[34]
- die Institutionen der Entwicklungszusammenarbeit sollten die den Entwicklungsländern gewährte Hilfe zum Zwecke der Wiederherstellung, des Schutzes und der Verbesserung der Umwelt erheblich ausbauen."[35]

Nach den bisherigen Überlegungen müßten auch die Entwicklungsländer ihre Emissionen und Waldnutzungen gegenüber heute stark reduzieren. Angesichts der Armut, der raschen Bevölkerungszunahme und der hohen Auslandsverschuldung wäre das aber eine völlig unrealistische Erwartung. Die Armut verlangt Anstrengungen zur Steigerung des Lebensstandards mit verstärktem Einsatz von Ressourcen zur Förderung des Wirtschaftswachstums und mit der Folge eines wachsenden Energieverbrauchs. Angesichts der raschen Bevölkerungszunahme ist zusätzlich der Einsatz knapper Ressourcen notwendig, um ein Absinken des Lebensstandards zu verhindern. Außerdem kommt es zu einer massiven Mehrbeanspruchung der Umwelt durch Energieverbrauch, intensivierte Bodennutzung und Abholzungen. Die Bewältigung des Schuldendienstes erfordert zusätzlich Anstrengungen zum Aufbau einer Exportwirtschaft und zur Importsubstitution. Diese Ziele haben in den Entwicklungsländern den klaren Vorrang. Ressourcen werden hauptsächlich für diese Zwecke eingesetzt, kaum für den Umweltschutz.

Worum es realistischer Weise nur gehen kann, ist die Begrenzung der Zunahme der CO_2-Emissionen in den Entwicklungsländern. Diesen Ländern muß während einer längeren Übergangszeit ein Nachholbedarf zugebilligt werden. In den Industrieländern müssen dann die Emissionen um so stärker eingeschränkt werden. Prognosen gehen von einer Verringerung von 70–80% in den Industrieländern bis Mitte des nächsten Jahrhunderts aus.

---

[34] Umweltperspektiven der Vereinten Nationen, bis zum Jahr 2000 und danach – beschlossen von der Generalversammlung der Vereinten Nationen am 11. Dezember 1987, a.a.O., S. 9f.

[35] Ebda, S. 38.

Daß die Entwicklungsländer allerdings auch einen wesentlichen Beitrag übernehmen müssen, erscheint unausweichlich. Einmal ist darauf hinzuweisen, daß diese Länder als Emittenten ebenfalls verantwortlich für das Klimaproblem sind. Vor allem ist aber zu betonen, daß es ohne Mitwirkung der Entwicklungsländer nicht möglich wäre, den Treibhauseffekt wirksam zu bekämpfen. Die Reduktionsbemühungen der Industrieländer würden zunichte gemacht werden. Als Folge der rasch wachsenden Bevölkerung und des angestrebten höheren Lebensstandards würden die Emissionen und die Abholzungen der Regenwälder in den Entwicklungsländern stark zunehmen. Wenn sich die bisherigen Tendenzen fortsetzen, werden die Entwicklungsländer im Jahr 2025 jährlich 16,6 Mrd. t Kohlenstoff produzieren, das ist mehr als 4mal so viel wie in den Industrieländern heute.[36] Nach den Klimamodellen wäre eine Klimakatastrophe dann unausweichlich.

Die Entwicklungsländer könnten einen wichtigen Beitrag zur Lösung des globalen Umweltproblems durch Drosselung ihres Bevölkerungswachstums leisten. In den Entwicklungsländern fehlen Kapital und moderne Technik, während der Faktor Arbeit im Übermaß vorhanden ist. Die rasche Bevölkerungszunahme trägt nicht zu einer Verbesserung, sondern zu einer Verschlechterung des Lebensstandards bei. Sie verschärft das Armutsproblem. Der Großteil des erwirtschafteten Sozialprodukts muß zur Befriedigung der Grundbedürfnisse in den Konsum fließen und steht nicht für öffentliche und private Investitionen zur Verfügung. Durch Verminderung des Bevölkerungswachstum lassen sich daher sowohl positive ökonomische als auch positive ökologische Effekte erzielen: Es stehen mehr investive Mittel zur Verfügung. Ein Teil der frei werdenden Ressourcen kann auch für den Umweltschutz verwendet werden, so daß der umweltpolitische Handlungsspielraum größer wird. Der direkte Raubbau an natürlichen Ressourcen läßt nach. Bei der Strategie der Drosselung des Bevölkerungswachstums sind zwei wesentliche Dinge miteinander vereinbar: die notwendige Steigerung des Pro-Kopf-Konsums und mehr Umweltfreundlichkeit der Produktion. Der Umweltschutz geht nicht zu Lasten einer Verbesserung der materiellen Lebensbedingungen. Das ist ein sehr wichtiger Vorteil.

Dieser Beitrag wird allerdings nicht ausreichen. Auch die Möglichkeiten, das Bevölkerungswachstum zu vermindern, sind begrenzt. Die Wachstumsraten werden lange Zeit relativ hoch bleiben. Da die Entwicklungsländer bestrebt sind, das Armutsniveau zu verlassen und Anschluß an die Entwicklung in den Industrieländern zu gewinnen, wird man ihnen eine

---

[36] Vgl. Sadik, N., Weltbevölkerungsbericht 1990, Deutsche Gesellschaft für die Vereinten Nationen e. V., Bonn 1990, S.15.

deutliche Pro-Kopf-Steigerung des Sozialprodukts konzedieren müssen. Dadurch wird ein großer Teil der investiven Mittel für das Wirtschaftswachstum (und den Schuldenabbau) absorbiert. Für Maßnahmen der Energieeinsparung und für umweltfreundliche Nutzungsmethoden der Regenwälder stehen wenig Ressourcen zur Verfügung. Deshalb dürften weitere Zugeständnisse der Industrieländer notwendig sein. Als Instrument in Frage kommen vor allem Finanzhilfen.

Finanzhilfen in Hartwährung erlauben den Entwicklungsländern den Import und damit Einsatz moderner kapitalintensiver Vermeidungstechniken und land- und forstwirtschaftlicher Anbau- und Nutzungsformen. Unterstützt werden sollten Maßnahmen zur Steigerung des Wirkungsgrades der Energienutzung, die Substitution von Kohle durch Erdöl und Erdgas, vor allem auch die Nutzung der Sonnenenergie – für die gerade in diesen Ländern günstige Bedingungen bestehen – und Maßnahmen zur Erhaltung der Regenwälder und zur Wiederaufforstung gerodeter Flächen.

Diese Finanzhilfen sollten möglichst den Charakter verlorener Zuschüsse haben – und zwar nicht nur aus sozialen Gründen, sondern auch, weil die so finanzierten Mehrkosten keinen werbenden Charakter haben, also keine direkten Erträge erwirtschaften, aus denen der Schuldendienst aufgebracht werden könnte.

Zur Durchführung der Finanzhilfen sollte ein internationaler Umweltfonds eingerichtet werden. Gespeist werden müßte der Fonds aus Beiträgen der Industrieländer. Es ist vorgeschlagen worden, zur Finanzierung des Fonds eine internationale Klimaschutzabgabe (CO_2-Abgabe) einzuführen. Dieser Vorschlag ist abzulehnen. Eine zentral fixierte Abgabe würde die Souveränität der Einzelstaaten zu sehr einschränken. Angesichts der zahlreichen Konflikte, die mit einer solchern Abgabe im Inland verbunden sein können (Beispiel Kohlepolitik in der Bundesrepublik), würde diese Regelung das Zustandekommen einer Umweltschutzkonvention erheblich erschweren. Sinnvoll ist dagegen das übliche Verfahren der Finanzierung von Gemeinschaftseinrichtungen. Für die einzelnen Mitgliedstaaten werden (nach Größe, Finanzkraft und Pro-Kopf-Sozialprodukt) Beiträge festgesetzt, und es wird ihnen überlassen, wie sie die Mittel aufbringen, ob sie dafür die Einkommensteuer oder die Mehrwertsteuer erhöhen, andere Staatsausgaben senken oder einen Teil des Aufkommens einer eventuell erhobenen CO_2-Abgabe für diesen Zweck verwenden. Sicherlich müßte es sich um Zwangsbeiträge handeln. Freiwillige Beiträge dürften nicht in Betracht kommen, denn die Finanzhilfen sollten als ein systematisches Instrument zur Erreichung des globalen ökologischen Ziels verstanden werden, und dann können die Zahlungen nicht in das Belieben der Länder gestellt werden.

3.3 Nutznießerprinzip und Machtfaktor

Für die Industrieländer müssen es nicht nur altruistische Gründe sein, die sie zu Hilfen veranlassen, es können auch handfeste eigene Interessen und die Machtverhältnisse sein, die sie dazu bewegen. Die Entwicklungsländer können nicht gezwungen werden, einem internationalen Abkommen beizutreten. Sie müssen mit den Bedingungen einverstanden sein. Wenn sie ihren eigenen Weg gehen und auf das Wirtschaftswachstum bei sorglos zunehmender Bevölkerung setzen, besteht für die Industrieländer das große Risiko einer katastrophalen Zuspitzung des Klimaproblems. Die Entwicklungsländer zusammen sind groß genug, um die Reduktionsanstrengungen der Industrieländer zunichte zu machen oder ihnen immense Kosten aufzubürden. Sie sind in der Lage, den ökonomischen Reichtum in den Industrieländern entscheidend zu entwerten. Zwar sind auch sie vom Treibhauseffekt betroffen, aber sie bewerten die Schäden nicht so hoch. Sie sind eher bereit, auf den Umweltschutz zu verzichten. Das versetzt sie in eine günstige Verhandlungsposition. Sie können ihre Macht einsetzen und sich ihren Beitritt durch Gewährung von Sonderkonditionen abkaufen lassen.

Auch die Massierung der Zunahme der Weltbevölkerung in den Entwicklungsländern mit der Gefahr großer Wanderungsbewegungen von den armen in die reichen Länder übt einen großen politischen Druck auf die Industrieländer aus. 1950 lebten 22 % der Weltbevölkerung in Europa und Nordamerika, im Jahr 2025 werden es weniger als 9 % sein. In Afrika, wo es 1950 9 % waren, wird der Anteil bis zum Jahr 2025 auf fast 20 % ansteigen. Bis zum Jahr 2030 wird Indien China als das bevölkerungsreichste Land überholt haben.

Daß sich durch Verhandlungen beide Seiten besserstellen lassen und so eine Einigung eher zustande kommt, sollen die folgenden Modellüberlegungen verdeutlichen.

Im ersten Fall nehmen wir an, daß die Vermeidungskostenfunktionen für beide Ländergruppen unterschiedlich sind (vgl. Abb. 3). Die gleiche proportionale Einschränkung der Emissionen bedeutet für die Industrieländer die Reduktion um D und für die Entwicklungsländer die Reduktion um A'. Die Entwicklungsländer sind aber nur zu einer Einschränkung um A bereit. Angenommen die Industrieländer haben ein Interesse an der Aufrechterhaltung des ursprünglichen Umweltzieles, dann müßten sie, wenn sich kein anderer Weg bietet, ihre Vermeidungsmaßnahmen bis D' ausdehnen. Die zusätzlichen Kosten wären aber wesentlich höher als bei der gleichen Reduktion in den Entwicklungsländern. Die Differenz ermöglicht es ihnen, den Entwicklungsländern einen Ausgleich zu zahlen, der neben den Kosten einen Gewinn enthält.

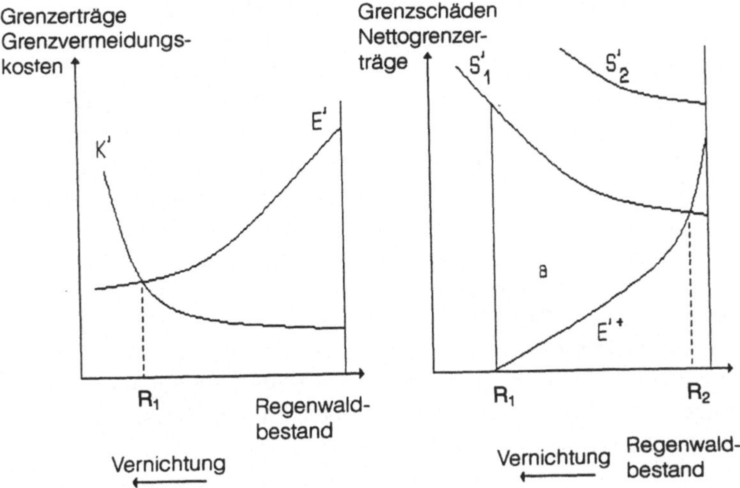

Abb. 4. Der ökonomisch optimale Regenwaldbestand. (Die Erhaltung des Waldbestandes über R_1 hinaus bis R_2 stiftet mehr Nutzen für die internationale Staatengemeinschaft als Kosten (entgangene Erträge) für die Tropenländer entstehen. Es besteht ein Spielraum für Verhandlungsgewinne entsprechend der Differenz der Flächen unter den Kurven S'_1 und E'^* in den Grenzen R_1 und R_2)

Mit Blick auf die Regenwälder wollen wir noch eine zweite Konstellation unterscheiden. Die Erhaltung der Artenvielfalt und des Genreservoirs stellen internationale öffentliche Güter dar, die nur von den Regenwaldländern selbst angeboten werden können. Diese Länder sind zugleich die Verursacher der Naturzerstörung. Auch in diesem Fall ermöglicht das Nutznießerprinzip einen Interessenausgleich (vgl. Abb. 4).

Für die Tropenländer ist die Abholzung der Regenwälder mit Erträgen und Kosten verbunden. Die Kosten setzen sich aus den internen Kosten, die in die Wirtschaftsrechnung der Unternehmen und Politik eingehen, und den externen Kosten, die zwar bestehen, aber von der Politik ignoriert werden, zusammen. Die Erträge erhöhen sich unterproportional mit zunehmender Abholzung (fallende Grenzerträge, E'), und die internen Kosten nehmen überproportional zu (ansteigende Grenzkosten, K'). Die Tropenländer wollen die Nettoerträge maximieren. Sie dehnen deshalb die Abholzung bis zum Bestand R_1 aus.

Durch Saldierung der Erträge und internen Kosten erhalten wir die Nettogrenzertragsfunktion E'^*. Ihr stellen wir die Grenzschäden aus der Abholzung für die internationale Staatengemeinschaft gegenüber (Kurve S'). Die Schäden sollen überproportional mit der Waldvernichtung zunehmen. Der aus internationaler Sicht optimale Regenwaldbestand (bei S'_1) entspricht dem Betrag R_2. Das Optimum impliziert in unserem Beispiel eine gewisse Dezimierung des Waldbestandes. Bei genügend hoher Bewertung (etwa bei S'_2) kann das Ergebnis aber auch die Erhaltung der bestehenden oder die Wiederherstellung früherer Bestände sein.

Die internationale Staatengemeinschaft bewertet die Nutzen aus dem Regenwald wesentlich höher als die Kosten, die zur Erhaltung dieses Bestandes notwendig sind. Der reine Überschuß entspricht der Fläche a. Die Industrieländer können den Tropenwaldländern mehr zahlen, als Kosten zur Erhaltung notwendig sind, und sie sind dennoch bessergestellt. Für alle Beteiligten ergeben sich Wohlfahrtsgewinne.

Wir sehen, daß selbst bei starken Interessengegensätzen Kompensationen eine für alle Seiten akzeptable Einigung und damit eine Verbesserung der Allokation möglich machen können. Den Spielraum für Verhandlungsgewinne eröffnen unterschiedliche Kostenbedingungen und Nutzenbewertungen. Als Formen solcher Kompensationen kommen finanzielle und technische Hilfen in Betracht.

3.4 Fazit

Wenn man die in der Theorie gängigen Effizienz- und Verteilungsnormen anwendet, gelangt man zu folgenden Aussagen über die Aufgaben und Lastenverteilung bei der Bekämpfung des Treibhauseffektes (insbesondere der CO_2-Minderung):

1) Aspekte der Verteilungsgerechtigkeit (überproportionaler Anteil am Treibhauseffekt und soziale Rücksichtnahmen) und die Fähigkeit der Gruppe wirtschaftlich schwacher Länder, verteilungpolitische Macht auszuüben, sprechen dafür, daß die Industrieländer die (relative) Hauptlast bei der Verringerung der CO_2-Emissionen tragen müssen.
2) Dieser größere Beitrag sollte nicht nur durch eine überproportionale Verminderung der eigenen Emissionen, sondern auch durch Finanzierung von Vermeidungsmaßnahmen in den Entwicklungsländern erfüllt werden. Von hohen Wirkungsgraden der rationellen Energienutzung abgesehen ist es kostengünstiger, zusätzliche Maßnahmen in den Ländern mit relativ niedrigem Vermeidungsniveau durchzuführen. Für die Industrieländer – wie für alle anderen Länder auch – sollte es eigentlich ökologisch gleichgültig sein, wo die Spurengasemissionen reduziert werden.
3) Indem die Industrieländer den Entwicklungsländern moderne Vermeidungstechniken zur Verfügung stellen, können sie ihre eigenen Kosten senken.
4) Die Erhaltung der Regenwälder wird hauptsächlich von den Industrieländern finanziert werden müssen.

5) Kompensationen, die aus der Kumulation von Motiven (verteilungspolitische Rücksichtnahme, Freifahrerverhalten und besondere Verhandlungsmacht) erklärt werden können, werden bei der Lösung des globalen Umweltproblems eine nicht unwichtige Rolle spielen. Die Entwicklungsländer haben schon seit längerem zum Ausdruck gebracht, daß sie zwar gerne FCKW-freie Techniken und Produkte einsetzen und verwenden würden, daß ihnen dazu aber das Geld fehlt und sie finanzielle Unterstützung erwarten. Nachdem einige Entwicklungsländer auf der Londoner Konferenz mit einer Ausweitung des Verbrauchs der FCKW gedroht hatten, erklärten sich schließlich die Industrieländer, insbesondere die USA, die bis zuletzt Widerstand geleistet hatten, bereit, einen multilateralen Fonds zur Unterstützung der Entwicklungsländer einzurichten. Mit den Mitteln sollen der Technologietransfer von FCKW-freien Ersatzstoffen und Ersatztechniken finanziert werden. Man diskutiert gegenwärtig auch die Bildung eines Klimafonds, der helfen soll, Maßnahmen der Energieeinsparung und Aufforstungen in den Entwicklungsländern zu finanzieren. Ebenso wird die Entschädigung der Regenwaldländer für die Mehrkosten einer umweltfreundlichen tropischen Land- und Forstwirtschaft sowie für die Anlage von Naturschutzgebieten verlangt und empfohlen.[37]

6) Die Entwicklungsländer sind als Verursacher mitverantwortlich für das globale Umweltproblem und sollten deshalb auch Anstrengungen zur Begrenzung der Emissionen und Erhaltung der Regenwälder unternehmen, wobei eine wichtige Strategie in der Verringerung des Bevölkerungswachstums besteht, weil so Umweltschutz ohne Einbußen im Lebensstandard möglich ist.

---

[37] Für die Enquete-Kommission stellen internationale Treuhandfonds, die hauptsächlich von den Industrieländern finanziert werden, ein zentrales Element internationaler Umweltvereinbarungen dar. Sie plädiert für eine erhebliche Ausweitung des Finanzvolumens des Fonds zur Finanzierung FCKW-freier Techniken sowie für die Errichtung internationaler Treuhandfonds sowohl zur Reduktion der energierelevanten Spurengasemissionen als auch zur Erhaltung der Regenwälder. Vgl. Enquete-Kommission, Dritter Bericht, a.a.O., S. 47, S. 54 und S. 57.

4 Wettbewerbsneutralität und Maßnahmenkoordination

Zu klären ist auch, ob eine Umweltkonvention eine gewisse Abstimmung des nationalen Instrumentariums vorsehen sollte oder ob die einzelnen Staaten freie Hand bei der Wahl der Mittel haben sollten. Die Staaten messen der CO_2-Reduktion durch Konsumverzicht, rationelleren Energienutzung, Substitution zwischen den fossilen Brennstoffen oder Einsatz der Kernenergie und von erneuerbaren Energien nicht die gleiche Bedeutung bei. Ebenso können die Vorstellungen darüber auseinandergehen, ob eher Auflagen, Transfers oder Abgaben eingesetzt werden sollen.

Eine gewisse Koordination der nationalen Politiken erscheint prinzipiell wünschenswert, um Verzerrungen des internationalen Handels zu vermeiden. Kein Land ist frei von der Anfechtung, Lasten der Umweltpolitik auf Dritte abzuwälzen, um so das eigene Wirtschaftswachstum durch Förderung der Exporte und Behinderung der Importe zu schützen. Dadurch wird sowohl die internationale Arbeitsteilung beeinträchtigt als auch das Zustandekommen einer Umweltkonvention erschwert. Institutionelle Vorkehrungen können ein faires Verhalten gewährleisten.

Die Grundposition der internationalen Handelspolitik – wie sie im GATT niedergelegt ist – geht dahin, daß ein freier weltweiter Handel auf der Basis der Nichtdiskriminierung allen Ländern am meisten nützt. Jedes Land soll sich auf die Herstellung der Güter spezialisieren, für die es einen komparativen Kostenvorteil besitzt.[38] Der Wettbewerb ist die treibende

---

[38] Bedingung für ein internationales Handelsoptimum und Produktionsmaximum im Sinne der Wohlfahrtstheorie ist, daß sich durch den Handel die relativen Grenznutzen, Grenzkosten und Preise der einzelnen Güter zwischen den Ländern angleichen. Prämissen dafür, daß Freihandel und internationaler Wettbewerb zum höchstmöglichen Lebensstandard für alle Länder führen, sind: Es muß Vollbeschäftigung herrschen und der Wettbewerb muß gut funktionieren (vollständige Konkurrenz, denn nur dann entsprechen die relativen Grenzkosten den Preisrelationen), vorübergehende Anpassungsschwierigkeiten der Produktionsstruktur nach Einführung des Freihandels müssen vernachlässigbar sein. Der Wohlstand (Lebensstandard) wird am Wert der Produktion gemessen, das heißt, die Einkommensverteilung hat keinen Einfluß auf die Wohlfahrt (konstanter Grenznutzen des Einkommens). Vgl. Sannwald, R., und Stohler, J., Wirtschaftliche Integration, 2. Aufl., Basel 1961, S. 15ff.

Kraft, die für die Anpassung des Angebots an die Nachfrage sorgt. Voraussetzung für das Funktionieren des Wettbewerbs ist aber, daß die Anbieter die ganzen Kosten ihrer Produkte tragen. Staatliche Maßnahmen zur Förderung des Exports und zur Verhinderung des Imports verfälschen den internationalen Wettbewerb. Für den Umweltaspekt leiten sich daraus mehrere Folgerungen ab:

1) Den Produkten müssen auch die Umweltkosten (Vermeidungskosten) angelastet werden. Kosten stellen entgangene Nutzen dar, deshalb sind auch Umweltschäden als Kosten zu begreifen. Um den internationalen Wettbewerb nicht zu verfälschen, sollte deshalb einheitlich das Verursacherprinzip angewendet werden. Subventionen zur CO_2-Reduktion an Produzenten haben den Effekt, daß die Anbieter nicht die ganzen Kosten tragen müssen. Wenn im Ausland keine oder niedrigere Subventionen gewährt werden, erhalten sie einen ungerechtfertigten Wettbewerbsvorteil. Selbst bei gleichem Subventionsvolumen kommt es wegen der unterschiedlichen möglichen Anknüpfungspunkte und indirekten Effekte der Subventionierung zu Verzerrungen der Preisverhältnisse. Wenn man auf (zeitweilige) Subventionen zur Erleichterung der Anpassung der Unternehmen nicht verzichten will, sollten wenigstens einheitliche Vergabekriterien angewendet werden (etwa wie in der EG).

2) Die Umweltschäden lassen sich nicht quantifizieren. Man kann aber schließen, daß sie für alle CO_2-Emissionsquellen gleich hoch sind, denn es ist für den Treibhauseffekt gleichgültig, wo CO_2 ausgestoßen wird. Der Schaden entspricht den kumulierten Belastungen für alle betroffenen Menschen auf der Erde. Gleichbehandlung aller Emittenten und damit Wettbewerbsneutralität im Sinne der reinen Theorie würde dann verlangen, daß überall auf CO_2-Emissionen der gleiche Preis erhoben wird. Das aber schließt eine souveräne Gestaltung der nationalen Politik durch die Beitrittsstaaten aus. Akzeptiert man den Souveränitätsanspruch der Staaten, dann muß man von einer eingeschränkten Vorstellung von internationaler Wettbewerbsneutralität ausgehen. Nach dem Modell der nationalen Reduktionsquoten ist zu postulieren, daß allen Ländern die Vermeidungskosten angelastet werden sollten. Diese Kosten sind von Land zu Land unterschiedlich hoch.

3) Die Wahl der Vermeidungsstrategie sollte den einzelnen Ländern überlassen bleiben. Wollte man den Ländern eine bestimmte Energiepolitik aufzwingen, so würde das den internationalen Einigungsprozeß eher erschweren. Die freie Wahl ist außerdem ökonomisch vernünftig, denn so kann jedes Land die Strategie wählen, die seinen Kosten und wirtschaftspolitischen Zielen am besten entspricht. Auf

diese Weise lassen sich die volkswirtschaftlichen Kosten der Zielerreichung minimieren.[39]

Eine Ausnahme von dieser Regel scheint allerdings angebracht. Sie betrifft die Kernenergie. Bisher sind wir davon ausgegangen, daß die Kosten der CO_2-Vermeidung nur das eigene Land berühren. Bei der Kernenergie sind aber große Regionen der Welt betroffen. Durch Kernkraftwerke werden Kosten externalisiert. Das Land, das besonders auf die Kernenergie als Vermeidungsstrategie setzt, erlangt einen künstlichen Kostenvorteil gegenüber anderen Ländern, die den Weg der Einsparung fossiler Energieträger gehen. Die Energiepreise enthalten nicht diese Schadenskomponente. Länder, die die umweltfreundliche Strategie wählen, sind doppelt im Nachteil: Sie sind dem Radioaktivitätsrisiko ausgesetzt, und sie müssen wegen der Erschwerung ihrer Wettbewerbsposition Sozialproduktseinbußen zugunsten der anderen Länder hinnehmen. Immer dann, wenn Vermeidungsmaßnahmen mit externen Umweltkosten verbunden sind, besteht ein internationaler Abstimmungsbedarf.[40] Eine CO_2-Konvention sollte deshalb – sowohl aus Effizienz- als auch aus Gerechtigkeitsgründen – im Sinne des Verursacherprinzips Vorschriften über die Nutzung der Kernenergie enthalten.

4) Zu bedenken ist, ob nicht auch eine Abstimmung innerhalb des Instrumentariums des Verursacherprinzips erfolgen sollte. Die beiden möglichen Instrumente, Mengenbeschränkungen und Abgaben (eventuell auch Zertifikatslösungen), wirken sich unterschiedlich auf die Kosten der Unternehmen aus. Bei der Abgabenlösung entstehen im allgemeinen höhere private Vermeidungskosten. Denn neben den Mehrkosten aus der Energiesubstitution oder Energieeinsparung fällt noch die Abgabe auf die Restemissionen von CO_2 an (auf den verbleibenden fossilen Brennstoffverbrauch). Diese Restabgabe geht in die Preise ein, die die Unternehmen für Vorleistungen zu zahlen haben. Andererseits fließen die Steuergelder nicht wieder neutral an die Betroffenen zurück. Bei Mengenbeschränkungen gibt es die Restabgabe nicht.

Zwischen Ländern, die unterschiedliches Gewicht auf die beiden Instrumente legen, verändern sich die Preisrelationen. Die Folge sind Handels-

---

[39] Man kann natürlich auch nicht von einer Verfälschung des internationalen Wettbewerbs sprechen, wenn ein Land – etwa wegen der Erhaltung des Steinkohlenbergbaus – höhere CO_2-Vermeidungskosten in Kauf nimmt als eigentlich notwendig sind und dadurch die Konkurrenzfähigkeit der heimischen Wirtschaft schwächt.

[40] Das ist beispielsweise auch innerhalb der Vereinten Nationen unstrittig.

umlenkungen. Ein Land, das hauptsächlich auf Abgaben setzt, geht das Risiko einer Beeinträchtigung seiner internationalen Wettbewerbsstellung ein. Wenn die Staaten freie Hand haben, werden sie sich gegen Abgaben entscheiden, obwohl dieses Instrument die effizienteste Lösung des CO_2-Problems verspricht (vgl. später). Deshalb wäre es nützlich, wenn man sich international auf die Abgabe als Hauptinstrument einigen würde.

Insgesamt gelangen wir zu folgenden Ergebnissen: In einer CO_2-Konvention sollte das Verursacherprinzip als Hauptprinzip für die nationalen Maßnahmen verankert werden, und man sollte sich auf die Abgabenlösung und – soweit nicht vermeidbar – auf eine einheitliche Subventionspraxis verständigen. (Einheitliche Abgaben in allen Ländern sind dabei allerdings wegen der unterschiedlichen Reduktionsziele und Vermeidungskosten ausgeschlossen.)

5 Tausch Schulden gegen Natur in den Regenwaldländern – Stärkung privater Initiativen durch Debt-for-Nature-Swaps

Die Regenwaldländer sind meist hoch verschuldet, so daß Kompensationen auch den Charakter von Schuldenerlassen haben können. Die Interessen der Regenwaldländer am Schuldenabbau und der Industrieländer an der Erhaltung der tropischen Wälder lassen sich miteinander verbinden, wenn Hilfen für den Umweltschutz in Form eines Forderungsverzichts der Gläubiger geleistet werden. Auf staatlicher Ebene können die Regierungen der Gläubigerstaaten Schulden gegen Umweltmaßnahmen erlassen. Für die Privatkredite bieten die Debt-for-Nature-Swaps (DNS) Möglichkeiten für eine Förderung des Tausches von Schulden gegen Natur.

Die Schuldtitel der Länder der Dritten Welt werden mit hohen Abschlägen auf Sekundärmärkten gehandelt. Nachfrager sind hauptsächlich multinationale Unternehmen, die auf diese Weise Investitionen in den Schuldnerländern billig finanzieren. Mit der Zentralbank des Schuldnerstaates vereinbaren sie vorher die Konditionen des Schuldtitelumtausches und das Investitionsobjekt. Diese Debt-Equity-Swap-Transaktionen (DES), die es seit Anfang der 80er Jahre gibt, sind das Vorbild für die DNS. Bei ihnen treten ausländische Umweltschutzorganisationen als „Investoren" auf. Sie finanzieren den Kauf aus Spendenmitteln. Auch hier werden vorher mit den Schuldnerländern die Modalitäten des Umtausches in inländische Währung und die Verwendung für bestimmte Umweltprojekte vereinbart. Zwischengeschaltet sind in den Schuldnerländern meist nationale Umweltorganisationen, die das Vertrauen der ausländischen Organisationen haben. Für den Umtausch der Schuldtitel gibt es drei Varianten: 1) Der Schuldnerstaat verpflichtet sich zu eigenen Umweltschutzmaßnahmen, und dafür werden ihm die Schulden erlassen. 2) Die Zentralbank kauft die Schuldtitel mit heimischer Währung bar zurück. 3) Die Zentralbank löst die Auslandstitel gegen inländische Schuldverschreibungen ein, und mit den Mitteln aus dem Schuldendienst wird das Umweltprojekt finanziert.

5.1 Anreizwirkungen

Worin liegen die ökonomische Anreizwirkung und der ökologische Effekt der DNS? Betrachten wir hierzu die Variante der Bareinlösung (und des Schuldenerlasses). Folgende Situation sei gegeben:[41] Eine US-Gläubigerbank verkauft eine Dollarforderung gegen Brasilien zum Sekundärmarktpreis p (in Prozent des Nennwertes, $0 < p < 1$) an eine US-amerikanische Umweltschutzorganisation. Diese verkauft die Forderung an die brasilianische Zentralbank zu pari oder nach Abzug eines Einlösediskonts d zum offiziellen Wechselkurs w (1 US-Dollar $=$ w Cruzeiros). Mit einem Dollar erwirbt sie Schuldtitel im Nennwert von $1/p$, die einen Erlös in Cruzeiros von $w(1-d)/p$ erbringen. Dies ist der Swap-Wechselkurs. Ihn vergleicht die Organisation mit dem Wechselkurs w, den sie bei direktem Devisenerwerb zahlen müßte. Beträgt der Sekundärmarktpreis beispielsweise 30% und wird ein Einlösediskont von 10% erhoben, so erhält die Organisation das 3fache an Devisen gegenüber dem direkten Währungstausch. Mit der gleichen Dollarspende kann ein größeres Umweltprojekt finanziert werden. In dieser Hebelwirkung besteht der ökologische Effekt der DNS.

Ein Abschlag bei der Einlösung kann auch dadurch zustandekommen, daß der Kurs, zu dem die Notenbank US-Dollar in Cruzeiros umtauscht, unter dem frei schwankenden Wechselkurs liegt. Wenn der offizielle Kurs (w*) beispielsweise 10% unter dem freien Kurs (w) liegt – d. h. $w^* = w(1 - 0,1)$ – und der Sekundärmarktpreis 30% des Nennwertes beträgt, erhält die Organisation ebenso wie im früheren Zahlenbeispiel das 3fache an Devisen gegenüber dem direkten Währungstausch.

Wenn die Schuldtitel in inländische Schuldverschreibungen umgewandelt werden, sind die Verhältnisse etwas komplizierter. Eine Alternative zur Swap-Transaktion, die wir zuerst betrachten wollen, besteht darin, daß die Umweltorganisation die Spenden zunächst auf dem internationalen Kapitalmarkt anlegt und aus den Zins- und Tilgungszahlungen später nach direktem Währungstausch die Umweltschutzmaßnahmen finanziert. Wir wollen folgende Entscheidungslage annehmen:[42] Die Umweltorganisation will den Cash-Flow (in Währungseinheiten des Schuldnerstaates) aus der Anleihe maximieren. Sie entscheidet sich für die Alternative mit der höchsten Effektivverzinsung. Als neue Entscheidungsparameter kommen die Zinssätze im Schuldnerland und auf dem internationalen Kapitalmarkt

---

[41] Vgl. Stöttner, R., Internationale Verschuldung: Mit Debt Swaps aus der Krise? In: Bombach, G., u. a. (Hrsg.), Die nationale und internationale Schuldenproblematik, Tübingen 1989, S. 212f.

[42] Vgl. hierzu auch Sundaram, A. K., Swapping Debt for Debt in Less-Developed-Countries, in: International Environmental Affairs, Bd. 2, 1990, S. 70ff.

(USA) und der Wechselkurs ins Spiel. Im Schuldnerland sind die Inflationsraten überdurchschnittlich hoch. Deshalb ist auch das Zinsniveau relativ hoch, und es kommt zu einer ständigen Abwertung der Währung (Erhöhung des Wechselkurses). Die Zinssätze und Inflationsraten sollen konstant sein. Außerdem soll die Laufzeit der Anleihe nur ein Jahr betragen. Zinsen und Tilgungsbetrag werden am Ende der Periode für Umweltausgaben verwendet.

Im Falle der Swap-Transaktion ermöglicht die Anlage des Spendenbetrages von 1 US-Dollar den Erwerb von Schuldverschreibungen (Nennwert) im Umfang von $w_0(1-d)/p$. Darauf werden Zinsen zum Zinssatz i_s gezahlt. Nach einem Jahr stehen dem Schuldnerland aus Zins- und Tilgungszahlungen Mittel in Höhe von $(w_0(1-d)/p)(1+i_s)$ zur Verfügung.

Bei Anlage des Spendenbetrages in US-amerikanische Anleihen erhält die Organisation nach Abzug des Schuldendienstes in Währungseinheiten des Schuldnerstaates Mittel in Höhe von $w_1(1+i_a)$. Der Zinssatz i_a in den USA ist niedriger, und der Wechselkurs ist während des Jahres gestiegen. Deshalb gelten folgende Beziehungen: $i_s>i_a$ und $w_1>w_0$.

Beide Anlageformen weisen Vorteile auf. Der Erwerb der Schuldverschreibung des Schuldnerstaates ist günstig, weil der Zinssatz höher liegt und ein hoher Swap-Wechselkurs ausgenutzt werden kann. Die Anlage in den USA profitiert vom Anstieg des Wechselkurses. Die Umweltorganisation verhält sich indifferent, wenn beide Effekte übereinstimmen. In diesem Fall gilt die Bedingung:

$$\frac{w_1}{w_0(1-d)/p} = \frac{1+i_s}{1+i_a} \, .$$

Auf vollkommenen Kapitalmärkten würde – bei Vernachlässigung der Swap-Möglichkeit – die Wachstumsrate des Wechselkurses der Inflationsdifferenz zwischen den beiden Ländern (π) entsprechen: $(w_1-w_0)/w_0=\pi$. Außerdem würden sich die Zinssätze so den Inflationsraten anpassen, daß die Entwertung des Anlagebetrages und der Zinsen genau kompensiert wird. Dann besteht zwischen den beiden Zinssätzen folgende Beziehung:

$$i_s = i_a(1+\pi)+\pi.$$

Die Indifferenzbedingung wäre erfüllt: $w_1/w_0=(1+i_s)/(1+i_a)$. Ohne den Swap-Vorteil sind beide Alternativen gleichwertig. Bestimmend für die Entscheidung ist ebenso wie oben nur der günstige Swap-Wechselkurs. Bei einem Sekundärmarktpreis von 30% und einem Einlösediskont von 10% kann die Umweltinvestition beispielsweise verdreifacht werden.

Die Aussagen sind zu modifizieren, wenn man Unvollkommenheiten der Märkte unterstellt, was insbesondere für die Entwicklungsländer mit ihren Kapitalverkehrskontrollen und manipulierten Wechselkursen notwendig ist. Mit der Swap-Transaktion verbindet sich ein Nachteil, wenn der Schuldnerstaat für die inländischen Anleihen einen relativ niedrigen Zinssatz festsetzt und der Zinssatz keine automatische Anpassung an die Inflationsrate vorsieht (weil dann für den Anleger das Risiko besteht, daß die laufende Verzinsung hinter der Inflationsrate zurückbleibt und die realen Investitionsmöglichkeiten aus dem Anlagebetrag schrumpfen). Ein gewisser Vorteil besteht andererseits dann, wenn die Zentralbank den Kurs der eigenen Währung künstlich hoch hält, also auch im Inflationsprozeß nur eine relativ geringe Abwertung zuläßt.

Welche Alternative insgesamt am besten abschneidet, läßt sich deshalb allgemein nicht sagen. Das hängt von den konkreten Umständen ab. Die Swap-Transaktionen werden vorteilhaft sein, wenn die Sekundärmarktabschläge hoch und die Anleihen im Schuldnerland mit einer marktgerechten, der Inflation angepaßten Verzinsung ausgestattet sind.

Betrachten wir nun die Alternative, daß die Spenden unmittelbar zum Wechselkurs in Inlandswährung des Schuldnerlandes eingetauscht werden und diese Mittel für vereinbarte Umweltprojekte zur Verfügung stehen. Der Vorzug dieser Vorgehensweise ist, daß die Umweltschutzorganisation ihre Mittel flexibel einsetzen kann. Das Umweltprojekt kann schneller durchgeführt werden. Die Maßnahmen sind nicht an den Rhythmus des Schuldendienstes gebunden (allerdings vorausgesetzt, daß das Schuldnerland zu einer schnelleren Vornahme des Umweltprojektes bereit ist). Aus der Sicht der Swap-Transaktion ist abzuwägen, ob das höhere Finanzvolumen – wegen der Zinszahlungen – einen angemessenen Ausgleich für das Hinauszögern des Projektes darstellt. Wenn wir vom Swap-Abschlag zunächst absehen, sind für den Nutzenvergleich die Zeitpräferenzrate und der Realzins relevant. Die Zeitpräferenzrate gibt die gewünschte Entschädigung für einen Investitionsaufschub an. Der Zinssatz stellt dagegen den Preis dar, der tatsächlich für diese Verzögerung geboten wird. Die Umweltorganisation dürfte an einer schnellen und flexiblen Durchführung der Projekte interessiert sein, denn die Spender möchten ihre Gelder möglichst umgehend für den vorgesehenen Zweck verwendet wissen. Deshalb wird man von einer hohen Zeitpräferenzrate, die den Marktzinssatz übersteigt, ausgehen können. Daraus wäre zu folgern, daß an sich für die Organisation der direkte Währungsumtausch – ohne ökologische Hebelwirkung – interessanter als der Anleiheerwerb ist. Durch hohe Sekundärmarktabschläge wird dieser Liquiditätsvorteil aber leicht wettgemacht, so daß DNS-Transaktionen via Schuldverschreibungen – bei marktgerechter und inflationsgesicherter Verzinsung – vorteilhaft bleiben.

5.2 Erfahrungen mit Debt-for-Nature-Swaps

Seit 1987 haben sich sechs Länder aus Südamerika, Asien und Afrika an DNS beteiligt. Bisher sind folgende Transaktionen zustande gekommen:

Transaktion 1: Bolivien

Im Juli 1987 schließen die US-amerikanische Umweltorganisation Conservation International und die bolivianische Regierung das erste Abkommen über eine DNS-Transaktion ab. Conservation International überläßt Bolivien Schuldtitel in Höhe von 650000 US-Dollar, die sie mit Hilfe einer 100000 US-Dollar Spende erworben hat (Preis der Schuldtitel 15 Cents pro Dollar Schulden). Außerdem leistet sie jede technische, wissenschaftliche oder administrative Hilfe, um das vorgesehene Programm durchzuführen. Im Gegenzug sichert die bolivianische Regierung für das Beni Biosphere Reservat – ein Gebiet von 135000 Hektar – den höchsten gesetzlichen Schutz zu und verpflichtet sich, in den angrenzenden Gebieten drei neue geschützte Zonen, insgesamt 1,025 Mio. Hektar, zu schaffen. Es handelt sich bei diesem Gebiet um einen weitgehend unberührten Regenwald im Amazonasbecken. Der Park bleibt Eigentum des bolivianischen Staates. Die bolivianische Regierung richtet außerdem einen Fonds von 250000 US-Dollar zur Unterhaltung des Beni Biosphere Reservats ein, wobei 100000 US-Dollar von der Regierung aufgebracht werden und der Restbetrag von der US-Agency for International Development (US-AID) getragen wird. Der Fonds wird durch eine lokale Einrichtung verwaltet, die sich aus Vertretern des Landwirtschaftsministerium und von Conservation International zusammensetzt. Bolivien leistete seinen Beitrag zum Fonds erst im April 1989. Daraufhin erfolgte auch die Beitragszahlung der US-AID.[43]

Die Fondsmittel werden zinsbringend in Dollar angelegt. Die Zinserträge werden verwendet für Personalkosten und Infrastrukturmaßnahmen des Beni Reservats. Das Kapital liefert die Ausstattung für die Beni Biological Station. Daß die Fondsmittel auf Dollarkonten gehalten werden, erklärt sich aus der instabilen Wirtschaftslage Boliviens. Die Inflationsrate betrug 1988 21%.

Auffallend bei der Bolivien-Transaktion ist die lange Verzögerung des Projektes.

---

[43] Vgl. Page, D., Debt-for-Nature Swaps. Experience Gained, Lessons Learned, in: International Environmental Affairs, Bd. 1, 1989, S. 277ff.

Transaktion 2: Costa Rica

Auf Initiative der Regierung von Costa Rica wurde seit August 1987 ein umfangreiches DNS-Programm aufgelegt. Innerhalb dieses Programms wurde eine Reihe von Projekten festgelegt, für die neben dem WWF weitere Umweltorganisationen als Sponsoren auftraten. Die Regierung setzte verschiedene einheimische Einrichtungen (darunter die Fundación de Parques Nacionales und das Umweltministerium) als Treuhänder ein, die die Mittel in die von den Geldgebern und dem Ministerium für natürliche Ressourcen vereinbarten Vorhaben leiten.[44] Der erste Teil des Programms sieht den Umtausch von 5,4 Mio. US-Dollar zu 75% des Nennwertes in nicht handelbare öffentliche Schuldverschreibungen vor.[45] Die Laufzeit der Schuldverschreibungen beträgt 5 Jahre. Sie ist 2 Jahre länger als die der Auslandsschuldtitel. Der Zinssatz ist fest und beträgt 25%. Viele private amerikanische und europäische Organisationen brachten insgesamt etwa 900000 US-Dollar auf, mit denen die Schuldtitel erworben wurden. Der Sekundärmarktpreis für Schuldtitel Costa Ricas war 1987 von 35 Cents auf 16 Cents pro Dollar Schulden gesunken.

Nachdem der Finanzrahmen im Februar 1988 ausgeschöpft war, legte die Zentralbank von Costa Rica eine zweite Tranche auf, die einen Schuldentausch von 5,6 Mio. US-Dollar vorsah. Wegen des stark gefallenen Sekundärmarktpreises setzte die Zentralbank einen wesentlich höheren Einlösediskont fest. Die Dollar-Schuldtitel wurden nur zu 30% ihres Nennwertes in inländische Schuldverschreibungen umgetauscht. Für die lokalen Wertpapiere gelten die gleichen Konditionen wie für die erste Quote. Nature Conservancy of America kaufte die Schuldtitel zum Preis von 14% auf. Für das Umweltprojekt stehen die laufenden Zins- und Tilgungszahlungen zur Verfügung. Wenn die laufenden Mittel nicht ausreichen, können die Schuldverschreibungen als Sicherheit für Kredite verwendet werden. Mit den Mitteln sollen Nationalparks ausgebaut, unterhalten und geschützt, die Infrastruktur für den Tourismus verbessert und wissenschaftliche Projekte finanziert werden.

Anfang 1989 wurde eine neue Transaktion mit der holländischen Regierung vereinbart, nach der die Niederlande 5 Mio. US-Dollar einsetzten, um zum Sekundärmarktpreis von 15% 33 Mio. US-Dollar an

---

[44] Vgl. z.F.o.V., The Costa Rican Case, WWF, o.J., und Cuesada, A. U., Banks, Debt, and Development, in: International Environmental Affairs, Bd. 2, 1990, S. 143 ff.

[45] Bereits 1986 gab es eine DES-Transaktion in Höhe von 10 Mio. US-Dollar, in deren Rahmen sich eine US-amerikanische Bank an einer inländischen Türherstellerfirma beteiligte und sich für die aufgekauften 5000 ha Wald zur nachhaltigen Bewirtschaftung verpflichtete.

Schuldtiteln Costa Ricas aufzukaufen und diese zu 30% des Nennwertes in lokale Schuldverschreibungen einzutauschen. Die Laufzeit beträgt 4 Jahre und der Zinssatz 15%. Jedes Jahr wird 25% der Schulden getilgt. Verwalter dieses Fonds sind das Planungsministerium, das Ministerium für natürliche Ressourcen und der holländische Botschafter in Costa Rica. Mit den Zins- und Tilgungsmitteln sollen Baumschulen und kleine Farmer, die sich am Wiederaufforstungsprogramm beteiligen, unterstützt werden.

Kurz darauf wurde auch mit der schwedischen Regierung eine DNS-Vereinbarung getroffen. Schweden unterstützt den Guanacaste Nationalpark, ein großes Umweltprojekt im Norden Costa Ricas. Schweden spendete 3,5 Mio. US-Dollar und erwarb damit Schuldtitel von 24,5 Mio. US-Dollar, die zu 70% des Nennwertes in lokale Schuldverschreibungen mit einer Laufzeit von 4 Jahren und einem Zinssatz von 15% umgetauscht wurden. Die Mittel werden für die Unterhaltung des Parks sowie für die Forschung und die Umwelterziehung verwendet.

Nach dem Stand von 1989 sind somit in Costa Rica gut 10 Mio. US-Dollar an Spenden zum Kauf von knapp 70 Mio. US-Dollar Auslandsschulden aufgewendet und in inländische Schuldtitel zum Wert von ungefähr 36 Mio. US-Dollar umgewandelt worden. Costa Rica ist das Land, das das Instrument der DNS bisher am meisten genutzt hat. Inzwischen (März 1990) ist eine weitere DNS-Transaktion im Nennwert von 10,8 Mio US-Dollar zustande gekommen.

Anders als Bolivien besitzt Costa Rica eine starke Umweltschutzbewegung und mehr als 12% des Teritoriums bestehen aus Nationalparks oder geschützten biologischen Reservaten. Die Regierung räumt dem Umweltschutz einen hohen Stellenwert ein. Costa Rica weist auch eine ungewöhnliche Organisation, die National Parks Foundation auf, die von der Regierung geschaffen worden ist, aber privat betrieben wird. All diese Faktoren haben maßgeblich dazu beigetragen, daß in Costa Rica das größte DNS-Programm zustande kommen konnte.

Auffallend an der Vereinbarung ist der feste Zinssatz der (kurzfristigen) lokalen Schuldtitel. Das Inflationsrisiko ist für die Geldgeber groß. Das Preisniveau ist 1988 in Costa Rica um 24% gestiegen. Die Realverzinsung war also negativ. Die Inflation führt zu einer Erodierung der Finanzierung der Umweltprojekte. Das ist ein großer Nachteil. Deshalb bietet Costa Rica in jüngerer Zeit als Alternative lokale Wertpapiere in Dollar mit einer Laufzeit von 20 Jahren und einem Zinssatz von 3% an.

Transaktion 3: Ekuador

Das DNS-Programm in Ekuador wurde durch die führende lokale Umweltorganisation Fundación Natura arrangiert.[46] Die Organisation erhielt im Oktober 1987 von der Regierung das Einverständnis, bis zu 10 Mio. US-Dollar Schulden zum Nennwert in lokale Wertpapiere umzutauschen. Der Umtausch erfolgt auf der Basis des offiziellen Wechselkurses, der deutlich unter dem Kurs am freien Markt liegt. Die ersten Schulden wurden zu 249 Sucres pro Dollar eingetauscht, als der freie Kurs bei 365 Sucres pro Dollar lag. Die Laufzeit der lokalen Wertpapiere beträgt 8 Jahre (und ist damit genauso lang wie die der Auslandsschuldtitel). Die Zinszahlungen orientieren sich am Marktzinssatz. Der Zinssatz wird alle 180 Tage an den Marktzinssatz angepaßt. Die Zinsen unterliegen einer Steuer von 8%. Der Nettozinssatz belief sich im ersten Jahr auf 33%. Mit den Zinszahlungen werden die vereinbarten Umweltprojekte finanziert. Die Tilgungsbeträge werden dagegen zur Verbesserung der Kapitalausstattung der Umweltorganisation Fundación Natura verwendet. Fundación Natura sucht für den oben genannten Finanzrahmen interessierte Geberorganisationen. Im Dezember 1987 erklärte sich der WWF zum Aufkauf von 1 Mio. US-Dollar (Nennwert) bereit, wofür 354000 US-Dollar aufgewendet wurden. Im April 1989 wurden die restlichen 9 Mio. US-Dollar zum Sekundärmarktpreis von 12% von WWF (5,4 Mio. US-Dollar) und Nature Conservancy aufgebracht.

Unterstützt werden sollen mit dem Projekt der Ausbau und die Unterhaltung von Naturschutzgebieten in den Anden, der Amazonasregion und den Galapagos-Inseln. (Gefördert werden der Erwerb kleinerer Gebiete, die Entwicklung einer Parkinfrastruktur, die Ausbildung des Personals, die wissenschaftliche Forschung und Umwelterziehungsprogramme.) Fundación Natura leitet die Mittel denjenigen Organisationen zu, die das Programm ausführen (die Charles Darwin Foundation, Universitäten und einigen kleineren privaten Umweltschutzorganisationen).

Als besondere Merkmale des ekuadorianischen Beispiels sind festzuhalten, die Priviligierung einer besonderen Umweltschutzorganisation, der Umtausch der Dollarschulden zu einem überhöhten Kurs für die heimische Währung (der offizielle Wechselkurs lag zwischen 12–20% unter dem Kurs am freien Markt während der Umtauschphase), die Steuerpflichtigkeit der Zinsen und die stark verzögerte Anpassung des Zinssatzes an die Inflationsrate (was bei steigenden Inflationsraten zu Substanzeinbußen beim Um-

---

[46] Vgl. Page, D., Debt-for-Nature Swaps, a.a.O., S. 283ff., o.V., The Ecuadoran Case, WWF, o.J.

weltschutz führt). Bemerkenswert ist außerdem, daß die Zinszahlungen der Regierung für die Schuldtitel im ersten Jahr mit 82,8 Mio. Sucres genauso hoch waren wie das gesamte Budget Ekuadors für Nationalparks.

Transaktion 4: Philippinen

Im Juni 1988 schließen der WWF (USA), die Haribou Foundation – die wichtigste Umweltschutzorganisation auf den Philippinen – und die philippinische Regierung einen Dreiecksvertrag ab, der folgendes vorsieht:[47] Der WWF erklärt sich bereit, für 2 Mio. US-Dollar philippinische Staatsschulden auf dem Sekundärmarkt zu erwerben. In einer ersten Phase werden 390000 US-Dollar zum Preis von 50 Cents je Dollar Schulden angekauft. Die Beträge werden in inländische Währung umgetauscht und einem Konto gutgeschrieben, das von der Haribou Foundation verwaltet wird. Die Zentralbank zahlt die Guthaben, einschließlich Zinsen (zum gleichen Zinssatz wie für Staatspapiere) in Raten aus. Gedacht sind die Mittel für verschiedene Projekte im Rahmen eines breit angelegten Naturschutzplanes, den der WWF offenbar in enger Abstimmung mit dem Umweltministerium erstellt hat. Dazu zählen Auf- und Ausbau von Naturparks, Umweltschutz-Erziehungsprogramme, Stipendien und Unterstützung der Regierung bei ihren Maßnahmen gegen Wilderer.[48]

Transaktionen 5 und 6: Madagaskar und Sambia

In jüngster Zeit sind auch erstmals DNS-Transaktionen mit afrikanischen Staaten, zuerst mit Madagaskar und etwas später mit Sambia, zustandegekommen. Der Madagaskar-Deal ist zugleich die erste Transaktion mit einem bedeutenden Beitrag der USA. Der WWF erhielt die Berechtigung, Schulden bis zu 3 Mio. US-Dollar aufzukaufen. Zu einem Preis von 59000 US-Dollar (45%) wurden zunächst Schulden in Höhe von 2,1 Mio. US-Dollar erworben. Kern des Deals war eine Schenkung von 1 Mio. US-Dollar der US-AID. Der WWF stellt die in lokaler Währung dafür erhaltenen Mittel für verschiedene Naturschutzparks zur Verfügung. Mit den Mitteln sollen vor allem 3 Jahre lang 200 Parkwächter und Viehhüter

---

[47] Vgl. Page, D., Debt-for-Nature Swaps, a.a.O., S. 285, o.V., The Philippines Case, WWF, o.J.

[48] Der WWF ist gegenwärtig dabei, mit den Philippinen ein neues DNS-Programm in Höhe von 18 Mio. US-Dollar auszuhandeln. Vgl. Hannon, P., Leaf dividend – high discounts on nature's bounty, in: Trade Finance & Banker International, Nov. 1989, S. 43.

Tabelle 5. Debt-for-Nature Swaps im Überblick

Land/Datum	Spende in Mio US-$	Schuldtitel, Nennwert in Mio US-$	Sekundärmarktpreis*	Multiplikator**
Bolivien				
1987	0,1	0,65	15%	6,5
Costa Rica				
1987/88	0,9	5,4	17%	4,5
1988	0,784	5,6	14%	2,1
1989	5,0	33,0	15%	2,0
1989	3,5	24,5	14%	4,9
1990	1,6	10,8	15%	
Ekuador				
1987	0,354	1,0	35%	2,8***
1989	1,08	9,0	12%	8,3***
Philippinen				
1988	0,39	0,78	50%	2,0
Madagaskar				
1989	0,95	2,1	45%	2,2
Sambia				
1989	0,47	2,27	20%	4,8

* bezogen auf den Nennwert, ** verfügbarer Investitionsbetrag im Schuldnerland/ Spende, jeweils in US-Dollar-$, *** auf der Basis des offiziellen Wechselkurses.

finanziert werden, die im Auftrag der Fachministerien für die Bewahrung der Unversehrtheit der natürlichen Umwelt eingesetzt werden.[49] Bei der Transaktion mit Sambia zahlte WWF 470000 US-Dollar für Schulden in der Gesamthöhe von 2,27 Mio. US-Dollar. Die Schuldtitel wurden bar in nationale Währung eingetauscht. Der WWF finanziert mit den Mitteln vier Naturschutzprojekte.[50]

Als wichtigste Merkmale dieser Swaps sind hervorzuheben (Tabelle 5):

---

[49] Vgl. Economist, Aug.1989, S. 41 und Tetzlaff, R., Unterstützung der Entwicklungsländer durch Industriestaaten, in: Internationale Konvention zum Schutz der Erdatmosphäre, Enquete-Kommission, a.a.O., S. 651 f.

[50] Vgl. Reilly, W.H., Debt-for-Nature-Swaps: The Time Has Come, in: International Environmental Affairs, Bd. 2, 1990, S. 135 Mitgliedsschreiben des Afrikavereins e.V., Hamburg 9/89, S. 3.

- Auf der Empfängerseite der Mittel kristallisieren sich drei Varianten heraus: Teils kommen die Transaktionen direkt zwischen Geber und Regierung des Nehmerlandes zustande (Bolivien und Madagaskar). In den anderen Fällen arbeiten die Geldgeber entweder mit staatlich eingesetzten Treuhandorganisationen des Nehmerlandes (Costa Rica) oder mit privaten Organisationen (Ekuador, Philippinen) zusammen. Für die Geber ist es wichtig, die richtigen lokalen Gruppen zu finden, denn als ausländische Organisationen können sie nicht direkt im Schuldnerland tätig werden. Die Mittel stehen deshalb vollständig unter der Kontrolle der lokalen Organisationen. Sie müssen auch die Einhaltung der Vereinbarung durch die Regierung überwachen. Beim Schuldennachlaß werden zu diesem Zweck spezielle Kommissionen gebildet.
- Die Gelder fließen genau definierten Projekten zu. Sie dienen im allgemeinen dem Ausbau und der Unterhaltung von Naturreservaten, der Wiederaufforstung, der Forschung und der Umwelterziehung.
- Die Transaktionen in Ekuador und Costa Rica sind Beispiele dafür, daß die Initiative nicht nur von den Umweltorganisationen, sondern auch von den Regierungen der Schuldnerländer ausgehen kann.
- Die Schuldnerstaaten haben in allen Fällen die volle Souveränität über die Naturschutzgebiete behalten. Eine Übertragung von Eigentumsrechten an Grund und Boden auf die Geberorganisationen fand nicht statt.
- Als neue Tendenz zeichnet sich die Beteiligung westlicher Staaten als Geber ab (USA, Schweden, Niederlande). Offensichtlich sehen diese Länder in dieser Vorgehensweise Vorteile gegenüber bilateralen Verträgen. Ein Motiv für die Wahl der DNS mag sein, daß durch Swaps eine größere Vertragstreue der Schuldnerstaaten zu erreichen ist. Bilaterale Verträge enthalten meistens nur Absichtserklärungen der Schuldnerstaaten zu bestimmten umweltpolitischen Maßnahmen. Bei den Swaps werden dagegen vorher genaue Projekte festgelegt. Die Geberländer können aber auch hierin einen Weg sehen, mit den begrenzten Hilfen eine maximale Reduktion der Hartwährungsschulden der befreundeten Entwicklungsländer zu erreichen und möglichst viel für den Umweltschutz zu tun.[51]
- Die umfangreicheren Transaktionen wurden in der Form des Tausches von Hartwährungsschulden gegen inländische Schuldverschreibungen vorgenommen (Ekuador und Costa Rica). Im Effekt ähnlich ist die Regelung in den Philippinen. Ein wesentliches Motiv für diese Wahl bestand darin, inflatorische Effekte möglichst zu vermeiden. Die Ausgestaltung der Anleihen ist unterschiedlich. In Ekuador hat man den

---

[51] Die Schuldnerstaaten dürfen im allgemeinen ihre eigenen Schuldtitel nicht zurückkaufen. Dazu bedarf es der Zustimmung aller Gläubiger.

Weg einer marktorientierten Verzinsung bei relativ langer Laufzeit gewählt. In Costa Rica wurden kurze Laufzeiten bei festem Zinssatz vereinbart. Für die Geldgeber vermindert sich durch diese Ausgestaltung zwar das Inflationsrisiko, es wird aber nicht beseitigt. In Zeiten der Inflationsbeschleunigung vermindern sich die für die Umweltprojekte real zur Verfügung stehenden Mittel (im Falle Ekuadors wegen der stark verzögerten Anpassung des Zinssatzes an den Marktzinssatz). Umgekehrt steigt der Realwert der Finanzinvestitionen, wenn die Inflationsraten zurückgehen.

– Die Schuldnerländer sind bestrebt, sich einen Teil der hohen Sekundärmarktabschläge selbst anzueignen. Insbesondere Costa Rica konnte durch hohe Einlösediskonte seine Zins- und Tilgungszahlungen erheblich senken. Die Kehrseite ist, daß sich dadurch das Volumen der Umweltprojekte verringert.

– Die Spendenmittel wurden entweder als Kapitalstock akkumuliert, um mit den Zinserträgen die Unterhaltung von Naturparks dauerhaft zu unterstützen (Bolivien und Ekuador), oder es wurden die gesamten Mittel (Tilgung und Zinsen) zur Finanzierung einmaliger Umweltprojekte, wie Wiederaufforstungen, Landerwerb und Ausbildung des Parkpersonals, verwendet.

– Es liegen keine Informationen darüber vor, wie die Schuldnerstaaten die Bareinlösung, den Schuldendienst und die vereinbarten eigenen Umweltschutzmaßnahmen finanziert haben.

Die bisherigen DNS-Transaktionen sind sowohl was den Schuldenabbau als auch was die ökologische Dimension anbetrifft noch von geringer Bedeutung. Sie konzentrieren sich auf Costa Rica, ein Land das etwas größer ist als Dänemark und knapp 3 Mio Einwohner hat. Costa Rica hat auf diese Weise immerhin 5% seiner Schulden gegenüber ausländischen Banken abgebaut (Stand 1989).[52] Die DNS stellen ein sehr junges Instrument dar. Sie sind erst gut 2 Jahre alt. In der jüngeren Zeit deutet sich eine kräftige Ausweitung des Transaktionsvolumens an. Von Argentinien und der Dominikanischen Republik liegen Programme vor, die jeweils etwa die Größenordnung des bisherigen Engagements Costa Ricas haben und noch auf Sponsoren warten. Auch in Brasilien, das DNS-Operationen bisher als Einmischung des Auslandes in innere Angelegenheiten strikt abgelehnt hatte, stehen die Verhandlungen zwischen Umweltorganisationen und der Regierung über ein Swap-Programm mit einem geplanten

---

[52] Die anderen beteiligten Staaten haben ihre Bankschulden um 0,1% (Bolivien), 0,2% (Ekuador) und 0,02% (Philippinen) verringert. Man muß diese Daten nicht als ungünstiges Zeichen werten.

Volumen von 250 Mio. US-Dollar kurz vor dem Abschluß.[53] Daneben wird an Verträgen mit Paraguay (5 Mio. US-Dollar) und Panama (100 Mio US-Dollar) gearbeitet.[54]

5.3 Bewertung

Für die Umweltorganisationen bringen die DNS-Transaktionen im allgemeinen nur Vorteile. Ihr Interesse ist es, die vorhandenen Ressourcen möglichst effektiv zu verwenden. Debt-for-Nature-Swaps bieten sich hierfür an. Durch die Ausnutzung der Abschläge auf dem Sekundärmarkt läßt sich eine erhebliche Hebelwirkung erzielen. Die Multiplikatoren der bisherigen Transaktionen lagen zwischen 2 und 8. Es ist zu vermuten, daß die DNS-Vereinbarungen überhaupt erst ein größeres umweltpolitisches Engagement der privaten Umweltschutzorganisationen ermöglicht haben.

Für die Schuldnerstaaten ist der Tausch Schulden gegen Natur dagegen auch mit Nachteilen verbunden. Sie werden zwar Schulden in Hartwährung los, möchten aber eher etwas für die wirtschaftliche Entwicklung als für den Umweltschutz tun und sehen sich stabilitätspolitischen Risiken ausgesetzt. – Inflatorische Impulse entstehen vor allem, wenn Schuldenumtausch und Umweltschutzmaßnahmen durch Geldschöpfung finanziert werden. Bei Bareinlösung der Auslandstitel erhöht sich die Geldmenge sprunghaft. Die fallenden Zinsen führen zu einem Anstieg der Gesamtnachfrage. Später werden die expansiven Kräfte noch durch die Ausgaben für das Umweltprojekt verstärkt. – Beim Anleihe- (und Schuldennachlaß-)Modell laufen Finanzbedarf und autonome Nachfragesteigerung synchron. Im Falle einer Geldschöpfungsfinanzierung erhöht sich die Geldmenge in kleinen Schritten entsprechend dem Schuldendienst. Die expansiven Impulse verteilen sich über eine längere Zeit, und wegen des zuwachsenden Produktionspotentials besteht daher die Chance, daß die Preise weniger stark ansteigen und eine Preis-Lohn-Preis-Spirale vermieden wird. Inflationsgefahren verbinden sich zwar auch mit dem Anleihemodell, sie sind aber geringer, und sie lassen sich durch lange Laufzeiten weiter vermindern. Dann allerdings wird auch die Realisierung der Umweltvorhaben hinausgezögert. Die bisherigen Transaktionen waren zu gering, als daß sie nennenswerte inflatorische Impulse hätten hervorrufen können. Bei einer wesentlichen Ausweitung der Aktivitäten wäre das aber zu erwarten.

---

[53] Vgl. Dunne, N., Brasilian Nature Groups Form Consortium, in: Financial Times vom 22.08.1990, S. 6.

[54] Vgl. Paisley, E., Nature Swap Near in Panama, in: American Banker, 64/1990, S. 12.

Eine inflationsfreie Finanzierung des Tausches Schulden gegen Natur ist im Prinzip möglich, wenn der Schuldnerstaat sich dazu entschließt, die Steuern zu erhöhen oder andere Staatsausgaben zu kürzen. Beides stößt in diesen Ländern auf erhebliche Widerstände. Die indirekten Steuern zu erhöhen – und das sind die Hauptsteuern in den Entwicklungsländern –, würde eine Dezimierung des bereits niedrigen Konsums der meist armen Bevölkerung bedeuten. Eine Erhöhung der Steuern auf Gewinne birgt andererseits die Gefahr einer Beeinträchtigung der Investitionstätigkeit in sich. Diese Maßnahme widerspricht der Strategie der Entwicklungsländer, die Armut und Arbeitslosigkeit durch Förderung des Wirtschaftswachstums zu überwinden. Die privaten Investitionen würden auch dann besonders betroffen sein, wenn der Staat versuchen würde, den Schuldentausch durch Kreditaufnahme am inländischen Kapitalmarkt zu finanzieren. Auch für eine Kürzung der öffentlichen Ausgaben gibt es wenig Spielraum, weil sie häufig nicht über ein Minimum hinausgehen. Nicht zuletzt wegen der Schuldenkrise wurde in den Entwicklungsländern in die Infrastruktur und in den sozialen Bereichen möglichst wenig investiert, um dem Fiskus Kosten zu ersparen. So liegt es nahe, daß die Schuldnerländer den bequemen Weg der Geldschöpfungsfinanzierung gehen und die Inflationsrisiken in Kauf nehmen. Die Belastungswirkungen sind für die Bevölkerung relativ wenig spürbar, weil breite Kreise betroffen sind. Die Investitionen werden eher geschont. Nicht zuletzt besteht auch eine gewisse Chance, daß die Mehrnachfrage zu einem Abbau der Arbeitslosigkeit und einer Erhöhung der Produktion führt.

Der Umweltschutz im Schuldnerstaat verursacht Kosten. Die hier zusätzlich eingesetzten Ressourcen müssen anderen Verwendungen entzogen werden. Dieser Entzug geschieht je nach Finanzierungsform entweder durch inflationäre Entwertung der Nominaleinkommen, durch Steuererhöhungen oder durch Einschränkung der öffentlichen Leistungen. Auf der anderen Seite werden aber auch Kosten eingespart. Der Schuldnerstaat steht nicht mehr unter dem Druck, sich Devisen zur Begleichung seiner Auslandsschulden beschaffen zu müssen. Er kann auf Maßnahmen der Exportförderung, der Importbeschränkung und der kostspieligen Importsubstitution sowie auf eine eventuelle globale Restriktionspolitik verzichten. Alle diese Maßnahmen wären sonst zu Lasten des Lebensstandards der heimischen Bevölkerung gegangen. Die Kosteneinsparungen könnten insbesondere dann überwiegen, wenn es dem Schuldnerstaat gelingt, sich einen großen Teil der Swap-Abschläge anzueignen.

Es ist also durchaus möglich, daß im Zuge des Tausches Schulden gegen Natur der zusätzliche Umweltschutz nicht zu Lasten des Lebensstandards geht. Das ist allerdings anders, wenn der Schuldendienst auf die Auslandsforderung sowieso nicht geleistet worden wäre. Angesichts des geringen Vertrauens in die (rechtzeitige) Bedienung der Schulden, wie sie die hohen

Sekundärmarktabschläge dokumentieren, scheint diese Möglichkeit eher den realen Verhältnissen zu entsprechen. In diesem Fall dürften die Einbußen im Lebensstandard ein nicht unwichtiges Hemmnis für eine Ausweitung der Umweltschutzaktivitäten sein.

An diese Überlegungen knüpft noch ein weiterer wichtiger Aspekt an. Die Präferenz der Schuldnerstaaten für die Förderung des Wirtschaftswachstums legt es nahe, daß sie ihre Schulden nicht durch Tausch Schulden gegen Natur, sondern durch Tausch Schulden gegen Investition abzubauen versuchen. Auf diese Weise läßt sich eindeutig eine Verbesserung des materiellen Lebensstandards der Bevölkerung erreichen. Hier dürfte eine wichtige Grenze für DNS-Transaktionen liegen. Allerdings ist die Konkurrenz zwischen diesen verschiedenen Swap-Geschäften weniger direkt, denn die Schuldnerstaaten haben mit den DNS die Chance, sich einen zusätzlichen Kreis von Kapitalgebern zu erschließen. Die von den Umweltorganisationen bereitgestellten Mittel stehen von vornherein nicht als Risikokapital zur Verfügung. Dennoch ergeben sich Beschränkungen, und zwar deshalb, weil der Schuldenabbau mit dem Risiko inflatorischer Impulse verbunden ist. Man kann deshalb schließen: Innerhalb der stabilitätspolitischen Zielvorgaben wird der Schuldenabbau durch Förderung der wirtschaftlichen Entwicklung Vorrang besitzen, und Umweltprojekte werden eher nur so lange eine Chance haben, wie dieser Rahmen noch nicht ausgeschöpft ist.

Schranken für eine Ausweitung dieses Entschuldungskonzeptes resultieren unter Umständen auch aus der begrenzten Funktionsfähigkeit des Sekundärmarktes. Nur von etwa 20 Staaten werden die Schulden regelmäßig gehandelt. Bei den anderen Schuldnerländern kommt es nur sporadisch zu Handelsgeschäften. Der Markt ist daher eng, was sich in starken Preisschwankungen bei geringen Handelsvolumia ausdrückt. Das 1988 erreichte Marktvolumen von geschätzten 40–50 Mrd. US-Dollar enthält zu einem nicht unerheblichen Teil Interbank-Transaktionen und Doppelzählungen. (Die gesamten Bankschulden der Entwicklungsländer beliefen sich auf etwa 300 Mrd. US-Dollar.)

Daß der Sekundärmarkt noch so schwach entwickelt ist, wird im wesentlichen dem Verhalten der Gläubigerbanken zugeschrieben. Sie verkaufen ungern ihre notleidend gewordenen Forderungen, dies obwohl der Preis, den sie am Sekundärmarkt erzielen könnten, über dem Gegenwartswert des erwarteten Schuldendienstes liegt.[55] Teils wird dieses Verhalten mit einer Freifahrermentalität erklärt. Danach glauben die Banken,

---

[55] Vgl. zu den Gründen Kenen, P. B., Organizing Debt Relief. The Need for a New Institution, in: The Journal of Economic Prospectives, Bd. 4, 1990, S. 7ff. und Sachs, J. D., A Strategy for Efficient Debt Reduction, in: ebda, S. 19ff.

daß, wenn es bei anderen Gläubigerbanken zu Schuldnachlässen kommt, die Schuldnerstaaten bei ihnen den Schuldendienst wieder aufnehmen werden. Abwarten wird nach dieser Vorstellung durch Wertsteigerungen belohnt. Ob dieses Argument wirklich die in der Literatur behauptete große Rolle spielt, muß sehr bezweifelt werden, denn die Gruppe der Gläubigerbanken setzt sich aus einem kleinen überschaubaren Kreis von Großbanken zusammen. Es ist schwer einzusehen, warum eine Bank dann für sich ein anderes Verhalten unterstellen sollte als für die anderen Banken. Wenn sie aber diese Erwartungshaltung nicht hat, ist die Spekulation auf Wertzuwächse von vornherein gegenstandslos.

Entscheidend für die Zurückhaltung der Gläubigerbanken dürfte ein anderer Grund sein. Die Banken scheuen den Ausweis hoher Buchverluste, weil sie dadurch befürchten, das Vertrauen der Einleger zu verlieren. Angesichts der hohen Swap-Abschläge würde der Verkauf großer – nicht wertberichtigter – Forderungspakete riesige Buchverluste hervorrufen. Die Banken müßten um ihre Existenz fürchten. Da bei Verkauf der Titel der effektive Verlust niedriger wäre – sofern der Sekundärmarktpreis tatsächlich über dem erwarteten Barwert des Schuldendienstes liegt –, wird dabei in Kauf genommen. Die Banken verfolgen eine andere Strategie. Sie versuchen, durch Wertberichtigungen die Kreditausfälle auf Jahre mit günstigen Erträgen zu verteilen. Meist werden die Papiere erst abgestoßen, wenn alle Forderungen weitgehend abgeschrieben worden sind.[56]

Es ist fraglich, ob der Aufkauf geeigneter Schuldtitel für die Geberorganisation in der Praxis häufig Schwierigkeiten bereitet, wie behauptet wird. Die bisherigen DNS-Transaktionen sind im Verhältnis zum Volumen des Sekundärmarktes oder zu den bisherigen kumulierten Debt-Equity-Swaps (nach dem Stand von 1988 13–15 Mrd. US-Dollar)[57] sehr gering. Sowohl das Angebot an Schuldtiteln als auch die Swap-Abschläge scheinen groß genug zu sein, um eine wesentliche Ausweitung der Transaktionen zu ermöglichen. Deshalb werden auch die Vorschläge, die den Schuldenabbau durch Förderung des Angebots an Schuldtiteln forcieren wollen, kaum einen wesentlichen Effekt auf die Umwelttransaktionen haben. Es wird empfohlen, die restriktiven handels- und steuerrechtlichen Vorschriften über Wertberichtigungen in den USA und in den anderen Ländern abzuschaffen, um so den Banken eine bessere Risikovorsorge zu ermögli-

---

[56] Vgl. Wulfken, J., Juristische Strukturen und ökonomische Wirkungen von Debt-Equity-Swaps, Konstanz 1989, S. 82 und Baxmann, U. G., Zur Bewertung risikobehafteter Auslandsforderungen mittels Sekundärmarktpreisen, in: Zeitschrift für Betriebswirtschaft, 60. Jg., 1990, S. 503f.

[57] Vgl. Baxmann, U. G., Zur Bewertung risikobehafteter Auslandsforderungen mittels Sekundärmarktpreisen, a.a.O., S. 508.

chen. Zugute kämen diese Reformen hauptsächlich den DES-Transaktionen. Indirekt würde eventuell auch der Umweltschutz davon profitieren, weil die Sekundärmarktpreise noch weiter fallen werden. Andererseits aber schwindet die Chance, daß für Umweltprojekte angesichts der Inflationsrisiken noch Platz ist. Je mehr es den internationalen Bemühungen gelingt, die Schulden in den Entwicklungsländern zu verringern, um so schwerer wird es für den Tausch Schulden gegen Natur sein, sich zu behaupten.

Die Mittel der Umweltschutzorganisationen sind zwangsläufig begrenzt und im Verhältnis zu den umweltpolitischen Aufgaben in den Regenwaldländern sehr gering. Es wird geschätzt, daß über DNS-Transaktionen eine jährliche Schuldenreduktion von etwa 200 Mio. US-Dollar möglich ist. Auch wenn dieser Betrag gering ist, so stellt er doch eine wertvolle Ergänzung für Kompensationszahlungen der westlichen Industriestaaten dar, die fraglos den entscheidenden Beitrag zur Erhaltung der Regenwälder leisten müssen. Die Enquete-Kommission betont, daß dieses Entschuldungsmodell nur für kleine Projekte, besonders schutzwürdige Biotope, die akut bedroht sind, einsetzbar ist, und sie weist außerdem auf mögliche kontraproduktive Wirkungen hin, weil durch die Schaffung neuer Schutzzonen der Nutzungsdruck in anderen Bereichen sowohl bei den kommerziellen Nutzungsarten als auch bei der Brandrodung deutlich erhöht werden kann.

Grundsätzlich sind die Debt-for-Nature-Swaps ein interessantes innovatives Instrument, das stärker genutzt werden sollte, weil sich mit den begrenzten Hartwährungsressourcen auf diese Weise sowohl eine multiplikative Verringerung der Schulden als auch eine deutliche Ausweitung des Umweltschutzes erreichen läßt. Für größere Volumina könnte die stärkere Beteiligung der Industriestaaten sorgen, sei es daß diese Länder großzügigere steuerliche Abzugsmöglichkeiten von Spenden für den Umweltschutz einräumen oder daß sie dazu übergehen, Schuldtitel am Sekundärmarkt (über Intermediäre) aufzukaufen, wie es die Niederlande und Schweden getan haben. Auf diese Weise sollte eine Vervielfachung des DNS-Transaktionsvolumens möglich sein. Für die Industriestaaten bietet das Engagement über die DNS-Transaktionen nicht nur den Vorteil, daß sie mit einem gegebenen Hartwährungsbetrag verstärkt zum Schuldenabbau beitragen und die erwünschten Umweltanstrengungen multiplikativ erhöhen können, sondern die Konstruktion dieser Vereinbarungen (Zwischenschaltung der NGO oder unabhängiger halbstaatlicher Einrichtungen, die die Mittel verwalten) verhindert auch weitgehend, daß es nur bei Versprechen zu Umweltmaßnahmen der Schuldnerländer bleibt, wie man es häufig bei bilateralen Verträgen beobachtet.

6 Nationale Maßnahmen zur Reduktion der CO$_2$-Emissionen

6.1 Verringerung aller Spurengase

Nationale Reduktionsmaßnahmen sollten nicht nur bei CO$_2$ und den FCKW ansetzen, sondern alle Treibhausgase erfassen. Drittwichtigste Ursache für den Treibhauseffekt sind die Methan-Emissionen. Als Instrumente kommen hier vor allem technische Vorschriften in Frage. Das gilt für Methanfreisetzungen aus Kläranlagen und Müllhalden sowie bei der Förderung von Kohle, Erdöl und Erdgas, indem hier vorgeschrieben wird, daß das Gas aufgefangen und verbrannt wird. Leckagen aus Gasleitungen lassen sich durch größere technische Vorsorge vermeiden. Ob es möglich sein wird, die Rinderbestände auf der Welt nicht weiter anwachsen zu lassen, weil auch sie eine wichtige Quelle für das atmosphärische Methan bilden – wie es gelegentlich vorgeschlagen wird –[58], muß man bezweifeln. Die Rinder werden hauptsächlich für die Fleischversorgung der Menschen in den Industrieländern gezüchtet. Die Bevölkerung in diesen Ländern müßte ihre Ernährungsgewohnheiten wesentlich umstellen, wozu sie eventuell durch eine spezielle Verbrauchssteuer veranlaßt werden könnte. Eine wesentliche Quelle der Emissionen ist auch der Naßfeld-Reisanbau. Hier die Produktion zu verringern, würde in starken Konflikt mit dem Ziel, die Welternährung zu sichern, geraten, denn Reis ist neben Weizen nicht nur das wichtigste Nahrungsmittel der Welt, sondern auch die mit Abstand wichtigste Nahrungsquelle in den Entwicklungsländern des asiatischen Raumes.[59] Vorschläge in der Literatur beschränken sich deshalb darauf, die Entwicklung neuer „trockener" Reisanbaumethoden zu fördern.[60]

---

[58] Vgl. Crutzen, P. J., Menschliche Einflüsse auf das Klima und die Chemie der globalen Atmosphäre, a.a.O., S. 47.

[59] Vgl. Wicke, L. und Hucke, J., Der ökologische Marshallplan, Frankfurt/Main 1989, S. 153.

[60] Vgl. Crutzen, P.J., Menschliche Einflüsse auf das Klima und die Chemie der globalen Atmosphäre, a.a.O., S. 40.

Die ozonbildenden Stickoxide, Kohlenmonoxid und Kohlenwasserstoffe entstehen fast ausschließlich bei der Verbrennung fossiler Energieträger. Die NO_x-Emissionen gehen zu etwa 77% (1986) auf den PKW- und LKW-Verkehr sowie die Kraft- und Fernheizwerke zurück.[61] Die CO-Emissionen stammen zu 71% (1986) vom Straßenverkehr.[62] Diese Emissionen lassen sich durch technische Rückhaltemaßnahmen vermeiden. So reduzieren Drei-Wege-Katalysatoren in PKW mit Otto-Motoren die NO_x-, CO- und C_xH_y-Emissionen um mehr als 90%. Ebenso halten Entstickungsanlagen den Ausstoß von NO_x aus Kraftwerken weitgehend zurück.[63] Diese Gase werden bereits heute reguliert. Es gelten Grenzwerte für die NO_x-Emissionen aus Großfeuerungsanlagen und für Kohlenmonoxid, Kohlenwasserstoffe und Stickoxide für PKW mit Otto-Motor, PKW mit Diesel-Motor und Nutzfahrzeuge.[64] Die Vorschriften könnten verschärft werden. Ob es stattdessen sinnvoll sein könnte, spezielle Luftverschmutzungsabgaben von den Kraft- und Fernheizwerken einerseits und den Kraftfahrzeughaltern (umweltorientierte Reform der Kfz-Steuer) andererseits zu erheben, soll hier nicht geprüft werden. – Um die Emissionen von Lachgas zu reduzieren, müßte der Verbrauch von Kohle und Erdöl und die Verwendung von synthetischem Stickstoffdünger (etwa durch eine Stickstoffabgabe) eingeschränkt werden.

Was die Verringerung der FCKW-Emissionen anbetrifft, so ist das in Frage kommende Instrumentarium bereits durch die vereinbarte Politik weitgehend festgelegt. Die Verwendung der FCKW soll bis zum Jahr 1993 um 50%, bis zum Jahr 1997 um weitere 35% und bis zum Jahr 2005 vollständig eingestellt werden. Allerdings sind Ausnahmeregelungen zugelassen, die eine Verzögerung der Einstellung bis zum Jahr 2015 zulassen. In der Bundesrepublik Deutschland ist der Ausstieg bereits bis zum Jahr 1995 vorgesehen.[65] Nur in einigen Ausnahmefällen soll die Verwendung noch möglich sein (vor allem im medizinischen Bereich, sofern es bisher noch keine Substitute gibt). Bei diesem Ziel ist das einzig sinnvolle Instrument das Verbot. Allerdings könnte man während der Übergangszeit flankierend eine Abgabe einführen, um die Einsparprozesse zu forcieren. Abgaben würden über die Verteuerung der FCKW-haltigen Produkte unmittelbar

---

[61] Vgl. Vierter Immissionsschutzbericht der Bundesregierung, Deutscher Bundestag, 11. Wahlperiode, Drucksache 11/2714, S. 22.

[62] Vgl. ebda.

[63] Vgl. Enquete-Kommission, Erster Bericht, a.a.o., S. 236.

[64] Vgl. den Überblick über die EG-Regelungen, in: Bericht der Bundesregierung an den Deutschen Bundestag über die Erfüllung international eingegangener Verpflichtungen zur Reduzierung der Luftverunreinigungen, Deutscher Bundestag, 11. Wahlperiode, Drucksache 11/6894, 09.04.1990, S. 11f.

[65] Vgl. FCKW-Halon-Verbots-Verordnung.

Substitutionseffekte auslösen. Überall dort, wo bereits kurzfristig gute Ersatzstoffe zur Verfügung stehen oder leicht Verzichte möglich sind, würden diese Gelegenheiten genutzt werden. Übergangsfristen nehmen immer Rücksicht auf die Verwendungsbereiche mit den höchsten Substitutionskosten. Ohne Abgaben werden kurzfristig mögliche Einsparungen hinausgeschoben. Ihre Erhebung fördert einen schnelleren Vollzug des Verbots. Dieser Effekt ist nicht unwichtig, weil der Zeitfaktor beim FCKW-Problem eine große Rolle spielt. Andererseits dürfte die verbleibende Zeit bis 1995 in der Bundesrepublik Deutschland für diese Maßnahmen eher zu kurz sein.

Im Vordergrund einer Politik der Bekämpfung des Treibhauseffektes muß die Einschränkung der CO_2-Emissionen stehen. Deshalb soll im folgenden auf diese Frage ausführlich eingegangen werden. Eine Besonderheit der CO_2-Emission ist, daß sie (praktisch) nicht durch technische Maßnahmen zurückgehalten werden können, sondern durch Verminderung des Verbrauchs fossiler Energieträger eingeschränkt werden müssen. CO_2-Reduktionen leisten damit zugleich auch einen Beitrag zur Verringerung der anderen energiebedingten Treibhausgase.

Bei gegebenem CO_2-Reduktionsziel sind Grundsatzentscheidungen darüber zu treffen, welche Wege der CO_2-Verringerung zulässig sein sollen und ob die Politik eher allgemein oder sektoral ansetzen sollte.[66] Für die Verringerung der CO_2-Emissionen stehen fünf Wege offen:

- Der Nutzenergieverzicht, d. h. der ersatzlose Verzicht auf CO_2-emittierende Prozesse (Energiesparen im engeren Sinne), etwa durch Verringerung der Raumtemperatur oder durch Nutzung von weniger, langsamerer und kleinerer Autos.
- Die rationellere Gewinnung, Umwandlung und Nutzung von Energie, d. h. die Steigerung des Wirkungsgrades durch Rationalisierung und neue Techniken. Beispiele sind die bessere Wärmedämmung von Gebäuden, der Einsatz von Kraft-Wärme-Kopplung zur Elektrizitätsgewinnung, die Erhöhung des Wirkungsgrades von Steinkohlenkraftwerken, ein reduzierter Spritverbrauch von Kraftfahrzeugen, neue Kühlschranktechniken, fluoreszente Beleuchtungssysteme, andere sparsamere Haushaltsgeräte, neue Düsenaggregate und neuartige Werkstoffe in der Flugzeugkonstruktion etc.
- Die Umstellung auf fossile Brennstoffe mit geringer CO_2-Freisetzung, d. h. die Substitution von Kohle und Erdöl durch Erdgas. Die CO_2-Freisetzungen pro erzeugte Energieeinheit bei der Verbrennung von

---

[66] Stark sektoral ausgerichtet sind die Handlungsempfehlungen der Enquete-Kommission. Vgl. Dritter Bericht, a.a.O., S. 72ff.

Steinkohle, Braunkohle, Erdöl und Erdgas verhalten sich zueinander wie 100:121:88:58.

- Die Substitution durch erneuerbare Energien, d. h. der verstärkte Einsatz indirekter, bereits in der Natur umgewandelter Solarenergieformen (Wasser-, Windkraft-, Umweltwärme, Biomasse, Meereswärme, Wellenenergie), vor allem aber von Solarzellen (Photovoltaik), um Strom zu gewinnen, und von Sonnenkollektoren, um Wärme zu erzeugen. Fachleute sehen in den direkten Solarenergieformen und in dem solarerzeugten Wasserstoff (Treibstoff) die beiden Säulen des Energiesystems der Zukunft, das sowohl das Problem der Erschöpfbarkeit der Energieträger als auch der Umweltbelastung löst. Solarenergie und solarer Wasserstoff sind erneuerbar und ihre Nutzung ist ökologisch nahezu neutral.[67]
- Der verstärkte Einsatz der Kernenergie.

Wenn der Umweltschutz möglichst kostengünstig sein soll, dann müßte sich die Vermeidungsstruktur nach der relativen CO$_2$-Wirksamkeit und den relativen Vermeidungskosten der Alternativen richten. Vermeidungsalternativen mit niedrigen Kosten und hoher CO$_2$-Wirksamkeit sollten stärker genutzt werden als andere. Beim schlichten Verbrauchsverzicht setzen sich die Kosten aus den individuellen Nutzeneinbußen (etwa aus der Verringerung der Raumtemperatur von 22 °C auf 20 °C) zusammen. Ansonsten sind unter den Kosten die Mehrkosten gegenüber dem Einsatz fossiler Energieträger zu verstehen. Die Kosten der Kernenergie enthalten auch die nationalen und internationalen Schadensrisiken bei Austritt von Radioaktivität.

Bei der Bewertung der Kernenergie kann man gegensätzliche Standpunkte vertreten. Ist man der Auffassung, daß die Schadensrisiken extrem hoch („unendlich") sind, so scheidet die Kernenergie als Alternative aus, läßt man „endliche" Werte für die Schäden zu, so gehört auch sie in den Kreis der Vermeidungskandidaten.[68]

Die Verwendung von Kohle müßte eigentlich überproportional eingeschränkt werden. Wenn das mit Rücksicht auf die heimische Kohleindustrie

---

[67] Vgl. für alle Bereiche die zusammenfassende Einschätzung des Sachstandes für neue Techniken, die bis zum Jahr 2005 wesentliche Beiträge zur Reduktion der CO$_2$-Emissionen liefern könnten, in: Umweltpolitik, Bericht des Bundesministers für Umwelt, Naturschutz und Reaktorsicherheit zur Reduzierung der CO$_2$-Emissionen in der Bundesrepublik Deutschland bis zum Jahr 2005, Bonn 1990.

[68] Wenn die 430 Kernkraftwerke in der Welt stillgelegt und stattdessen Strom mit Kohle erzeugt werden würde, dann hätte das zusätzliche CO$_2$-Emissionen von etwa 1600 Mio. t pro Jahr zur Folge. Vgl. Cardoso, A., e Conha, The Nuclear Option Should Be Kept Open. In: Royal Dutch Petroleum Company, 1890/1990, Juni 1990, S. 11. Das entspricht 8 % der jährlichen Gesamtemissionen.

nicht geschieht, dann nimmt die Umweltpolitik bewußt starke Effizienzeinbußen in Kauf. Die Nutzenergiemenge müßte wesentlich stärker gesenkt werden, als es sonst notwendig wäre. Es müßten höhere Einbußen im Lebensstandard hingenommen werden.

Effizienz verlangt eine allgemeine Reduktionspolitik. Die Konzentration auf bestimmte Sektoren ist unwirtschaftlich, denn mögliche billigere Vermeidungsmöglichkeiten in den ausgesparten Bereichen werden nicht genutzt. Da die Vermeidungskosten mit zunehmender Vermeidung überproportional zunehmen, ist es immer vorteilhaft, alle Wirtschaftsbereiche an der CO_2-Einschränkung zu beteiligen.

Nichtökonomen gehen so vor, daß sie die CO_2-Minderungspotentiale für die verschiedenen Strategiebereiche abschätzen und der Politik mit Vorrang dort Maßnahmen empfehlen, wo die Minderungsmöglichkeiten am größen sind. Für den Ökonomen ist dieses Konzept problematisch, und zwar aus folgenden Gründen:

- Es gibt kein eindeutiges Kriterium dafür, was technisch möglich ist. Man kann sehr unterschiedliche technische Niveaus definieren. (Das ist gerade aus der Umweltpolitik mit den Konzepten „der allgemein anerkannten Regeln der Technik", „des Standes der Technik" und „des Standes der Wissenschaft" bekannt.) Das, was als technisch möglich angegeben wird, kann viel, aber auch wenig bedeuten (vgl. Punkt a und b in Abb. 5). Alle Kombinationen entlang der Kostenfunktionen sind möglich. Nur dort, wo die Grenzkostenfunktion total steil verläuft, ist kurzfristig (d. h. bei gegebenem technischen Wissen) eine absolute Grenze erreicht.

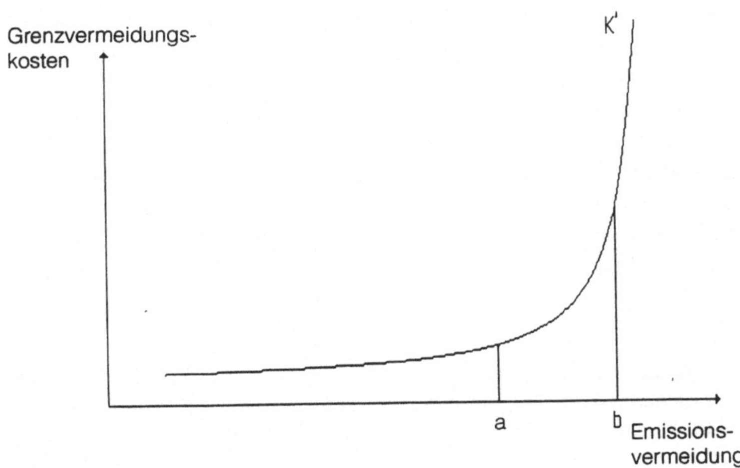

Abb. 5. Die Vermeidungsmöglichkeit als Funktion der Kosten

- Es ist nicht zwingend, daß eine Vermeidungsalternative mit hohem Reduktionspotential über den ganzen Reduktionsbereich niedrigere Kosten als eine Vermeidungsalternative mit eher geringem Reduktionspotential aufweist. Deshalb wäre es falsch, ihr aus Kostengründen stets den Vorrang einzuräumen. Im allgemeinen ist ein „Produktionsmix" (Ausgleich der Grenzvermeidungskosten) am kostengünstigsten.
- Die Abschätzung von Reduktionspotentialen geht von statischen Bedingungen aus. Ihr liegt eine Extrapolation der heutigen technischen Verhältnisse zugrunde. Welche Minderungen in der Zukunft aber tatsächlich möglich sein werden, ist eine Funktion der heute betriebenen Politik und hängt insbesondere von dem eingesetzten Instrumentarium ab, denn die dynamischen Wirkungen unterscheiden sich wesentlich. Die technischen Fortschrittswirkungen sind ex ante nicht bekannt. Das zukünftige Ergebnis ist nicht antizipierbar. Die Politik kann nur entweder auf Dynamik oder auf Statik setzen. Sich auf bestimmte Sektoren festzulegen, wäre falsch.

6.2 Transfers und Auflagen

Für Emissionen, die von den Unternehmen und Haushalten ausgehen, sollten die Privaten verantwortlich sein. Das besagt das Verursacherprinzip. Es sollte auch beim CO_2-Problem zur Anwendung kommen.[69]

Eine Alternative wäre die umfassende Subventionierung der Emittenten für Vermeidungsmaßnahmen. Diese Maßnahme scheitert bereits daran, daß es unmöglich ist, den vielen Haushalten und Unternehmen die Mehrkosten für umweltfreundliche Substitute zu ersetzen, weil sie nicht objektiv feststellbar sind. Partiell kann man zwar mit der Subventionierung operieren, etwa indem man den Hauseigentümern die Kosten für Maßnahmen der Wärmedämmung an Gebäuden ersetzt. Auf diese Weise läßt sich aber nicht eine so massive fossile Energieeinsparung erreichen, wie sie mit dem Reduktionssoll von 70–80% bis Mitte des nächsten Jahrhunderts zu erbringen ist. Es wäre falsch, Kraftwerke für den Einsatz bestimmter Techniken zur Steigerung des Wirkungsgrades zu subventionieren, denn dadurch verringern sich auf den nachgelagerten Stufen die Anreize zur Elektrizitätseinsparung. Die Kostenanlastung bei den Verursachern ist die

---

[69] Vgl. zu den verschiedenen Instrumenten einer CO_2-Reduktionspolitik auch Ewringmann, D., u. a., Analyse und systematische Darstellung global wirkender Instrumente, in: Energiepolitische Handlungsmöglichkeiten und Forschungsbedarf, Enquete-Kommission „Vorsorge zum Schutz der Erdatmosphäre" des Deutschen Bundestages (Hrsg.), Bonn und Karlsruhe 1990, S. 45ff.

Leitmaxime der Marktwirtschaft. Ohne triftigen Grund sollte nicht von ihr abgewichen werden.

Die Anwendung des Verursacherprinzips in der Praxis erfolgt durch Ge- und Verbote. Der Ansatz ist dabei so, daß man zunächst den „Stand der Technik" ermittelt und ihn dann in Emissionsgrenzwerte und technische Vorschriften überträgt. Diese Vorgehensweise wird favorisiert, weil sie relativ leicht durchführbar ist (einheitliche Grenzwerte für gleiche Anlagetypen und Wirtschaftssektoren sowie fehlende Notwendigkeit, für die Politik explizite Umweltqualitätsziele festzulegen) und weil sie eine relativ sichere Begrenzung der Emissionen an jeder einzelnen Quelle verspricht. Die Kritik an den Auflagen aus ökonomischer Sicht ist wohlbekannt: Grenzwerte werden ziemlich pauschal für Unternehmen, Haushalte und Anlagetypen festgesetzt und richten sich deshalb nicht nach den jeweiligen Vermeidungskosten. Der Umweltschutz ist daher volkswirtschaftlich wesentlich teurer als notwendig. Außerdem besteht für Unternehmen und Haushalte kein Anreiz, für den Umweltschutz mehr zu tun, als vorgeschrieben ist. Die Entwicklung und Anwendung neuer umweltfreundlicher Techniken wird sogar abgebremst, weil die Unternehmen bei Innovationen damit rechnen müssen, daß die Grenzwerte heraufgesetzt werden. Es fehlen die gerade für die Bekämpfung des Treibhauseffektes so wichtigen Impulse zum CO_2-sparenden technischen Fortschritt (insbesondere zur Stimulierung der Sonnenenergienutzung und der Entwicklung neuer Treibstoffe).

Bei Anwendung auf das CO_2-Problem gelten auch die Vorteile der Einfachheit und Sicherheit von Auflagen nicht mehr. Das wird deutlich, wenn man sich klar macht, welche Maßnahmen hier überhaupt in Betracht kommen. Es sind drei Arten von Eingriffen denkbar: 1) Direkte Emissions-(Verbauchs-)beschränkungen, 2) Grenzwerte und technische Vorschriften, die auf bestimmte Vermeidungsmaßnahmen abzielen, 3) Produktions- und Importbeschränkungen für die fossilen Energieträger.

Allen Unternehmen und Haushalten Höchstwerte für die CO_2-Emissionen je Zeiteinheit (Monat oder Jahr) – oder für die Verbrauchsmengen, differenziert nach Kohle, Erdöl und Erdgas – vorzuschreiben, ist offensichtlich ein unmögliches Unterfangen.

Der zweite Anknüpfungspunkt umfaßt Maßnahmen wie die Festlegung von Vorschriften über den spezifischen Treibstoffverbrauch von PKW und LKW, über den Stromverbrauch von Elektrogeräten (und Anlagen), über Wirkungsgrad und besondere technische Verfahren (Einsatz bestimmter Brennstoffe durch die Kraftwerke, Anweisungen zur Kraft-Wärme-Koppelung) bei Kraft- und Fernheizwerken sowie anderen Feuerungsanlagen, über die Wärmedämmung von Gebäuden oder über Geschwindigkeitsbegrenzungen für Kraftfahrzeuge usw. Jeder dieser Eingriffe ist partiell. Um die gewünschte gesamte CO_2-Reduktion zu erreichen, wäre ein komplexes System sich ergänzender Vorschriften über Maßnahmen zur Einsparung und rationellen Energienutzung und Brennstoffsubstitution in allen Bereichen der Wirtschaft erforderlich. Daß die Maßnahmen dabei lückenhaft bleiben, ist selbstverständlich. Beispielsweise läßt sich ein CO_2-Grenzwert (x g CO_2 in 1 m^3 Abgas) für eine Haushaltsfeuerungsanlage nur durch Steigerung des Wirkungsgrades der Anlage oder Umsteigen auf einen kohlenstoffärmeren Brennstoff einhalten – der Einsatz von Sonnenkollektoren scheidet noch als allgemeine Maßnahme aus –, nicht aber durch Energiesparen (Wärmedämmung, Absenken der durchschnittlichen Zimmertemperatur u. ä.). Wenn sich der Grenzwert am modernen Stand der Technik orientiert, müßte er den emissionsärmsten Brennstoff als Basis haben. Dann entfällt aber für alle Haushalte, die bereits Erdgas einsetzen (und noch nicht auf Sonnenkollektoren umsteigen können) die Möglichkeit der Substitution zwischen den Brennstoffen. Sie werden durch die Politik nicht zu weiteren CO_2-Minderungen veranlaßt. Oder noch ein weiteres Beispiel: Um die CO_2-Emissionen durch Kraftfahrzeuge zu vermindern, könnte man daran denken, für PKW und LKW eine Obergrenze für den spezifischen Kraftstoffverbrauch festzusetzen. Reduktionseffekte werden dadurch aber nur bei großen Fahrzeugen erzielt. Alle Kraftfahrzeuge mit bisher bereits durchschnittlichem Treibstoffverbrauch bleiben unberührt. Bei dieser Vorschrift würden im übrigen alle großen Kraftfahrzeuge vom Markt verdrängt werden, was die Politik sicher nicht will.

Unmöglich wäre es, die verschiedenen Maßnahmen nach den jeweiligen Kostenverhältnissen auszurichten. Der Umweltschutz wäre nicht nur mit hohen administrativen Kosten, sondern auch mit hohen Kosten der Emissionsvermeidung verbunden. Wichtig ist außerdem, daß durch die Auflagen falsche Signale für die Forschung und Entwicklung gesetzt würden. Die Forschungsanstrengungen konzentrieren sich nicht auf die Vermeidungsalternativen mit den höchsten Kosten, bei denen die größten Gewinnchancen bestehen. Angesichts der Komplexität der Verhältnisse ist es auch schwierig, das System mit Blick auf das nationale Reduktionsziel zu steuern. Der Vorzug der ökologischen Sicherheit ist keinesweg gegeben. Anders als in der traditionellen Luftgütepolitik geht es nicht darum, den Stand der Technik durchzusetzen, vielmehr ist ein bestimmtes quantitatives Emissionsziel einzuhalten. Die vielen Einzelregelungen angemessen festzusetzen und an die veränderten ökonomischen Daten anzupassen, ist eine schwierige Aufgabe.

Ein System von Auflagen und Finanzhilfen (und Eigenaktivitäten des Staates) schlägt die Enquete-Kommission vor.[70] Im Heizwärmebereich empfiehlt sie

---

[70] Vgl. Enquete-Kommission, Dritter Bericht, a.a.O., S. 72ff.

- die Anpassung von Normen des Standes der Technik mit Blick auf die Energieeinsparung, insbesondere im Heizungs- und Baubereich (Novellierung der Wärmeschutz-, Heizungsanlagen- und Kleinfeuerungsanlagenverordnung – also Auflagen),
- Anreiz-, Finanzierungs- und Förderungsprogramme zur energetischen Optimierung von Neu- und Altbauten (d. h. Finanzhilfen),
- die besondere Förderung der passiven und aktiven Solarenergienutzung (gemeint sind Subventionen und andere Finanzhilfen).

Für den Verkehrsbereich schlägt sie verschärfte Abgas- und Kraftstoffvorschriften, Geschwindigkeitsregler für LKW und verschärfte Emissionsgrenzwerte für Flugzeuge vor, darüber hinaus allerdings auch eine umweltgerechtere und stärker am Verursacherprinzip orientierte Besteuerung des Kfz-Verkehrs.

Die Vorschläge für den Bereich der Industrie sehen vor, eine umfassende Ausgestaltung des Wärmenutzungsgebotes nach dem Bundesimmissionsschutzgesetz durchzuführen. Eine zweite Zielrichtung will durch Höchstgrenzen, Effizienzstandards und Kennzeichnungspflicht, insbesondere von Elektrogeräten, das Käuferverhalten direkt beeinflussen. Außerdem sollen betriebliche Energiekonzepte und Produktlinienanalysen über die gesamte Produktions- und Energiekette eingeführt und generell der Informationsstand der Bevölkerung und Betriebe über Energieverbrauch und Einsparmöglichkeiten verbessert werden.

Von einer allgemeinen Maßnahme – wie es eine CO_2-Abgabe sein könnte – ist bei der Enquete-Kommission (außer in Minderheitsvoten) nicht die Rede.

Der dritte Ansatzpunkt, die Einführung von Produktions- und Importkontingenten für die fossilen Brennstoffe, würde zwar über die Limitierung des Angebots zu Preissteigerungen führen, die bei den Nachfragern die gewünschten Substitutionseffekte hervorrufen, er widerspricht aber total den marktwirtschaftlichen Prinzipien. Alle bisherigen Anbieter würden eine bestimmte Produktionsquote erhalten. Das würde den Wettbewerb zwischen ihnen völlig außer Kraft setzen. Außerdem würde der Marktzugang für neue Anbieter gesperrt werden. Die Folgen wären Monopolgewinne, Ineffizienz und geringe Dynamik.

6.3 Das System handelbarer Emissionsrechte

Bei diesem System gibt der Staat in Höhe der zulässigen nationalen CO_2-Emissionen Rechte aus. Nur wer Emissionsrechte besitzt, darf in der angegebenen Menge Schadstoffe emittieren. Die Rechte sind handelbar. Sie wandern durch Kauf und Verkauf dort hin, wo sie am dringendsten benötigt werden, das heißt, wo die Substitutionskosten am höchsten sind. Auf diese Weise werden die volkswirtschaftlichen Kosten des Umweltschutzes minimiert. Da für die Rechte Preise zu zahlen sind, besteht auch ein ständiger Anreiz für die Wirtschaft, durch umweltfreundliche technische Neuerungen die Kosten zu senken.

Das System verhält sich spiegelbildlich zu den Umweltabgaben. Anders als dort fixiert der Staat hier die zulässige nationale Emissionsmenge, und der Preis für die Emissionsrechte (Abgabe) bildet sich auf dem freien Markt. Der Staat ist der Aufgabe enthoben, einen Preis festlegen zu müssen. Das ist eine wesentliche Erleichterung. Andererseits muß er sich dazu durchringen, ein festes verbindliches ökologisches Ziel festzulegen. Das mag bei anderen umweltpolitischen Aufgaben ein Problem sein, spielt hier aber keine Rolle, weil infolge des speziellen Ansatzes der Politik ein nationales Reduktionsziel explizit formuliert wird.

Bezogen auf das CO_2-Problem könnte das Zertifikatsystem folgendermaßen ausgestaltet sein: Die CO_2-Emittenten (Verbraucher fossiler Brennstoffe) erhalten in Höhe ihrer Emissionen in einer Ausgangsperiode Rechte zugeteilt, die dann nach und nach abgewertet werden, bis nach der Übergangszeit das nationale Reduktionsziel erreicht ist (etwa eine 30%ige Emissionsverminderung nach 10 Jahren). Mit der Abwertung werden die Rechte knapp. Die Verbraucher müssen sich entscheiden, ob sie neue Rechte bei gleichem Verbrauch aufkaufen oder Einsparungen vornehmen wollen. Es wird sich ein Preis herausbilden, bei dem manche Wirtschaftssubjekte Rechte nachfragen und andere Rechte anbieten werden. Diejenigen, deren marginale Vermeidungskosten kleiner als der Marktpreis sind, werden Rechte verkaufen. Sie treten als Anbieter auf. Andere mit höheren marginalen Vermeidungskosten fragen dagegen Rechte nach. So wandern die knappen Rechte dorthin, wo sie am wenigsten entbehrlich sind, und die Vermeidungsmaßnahmen werden dort ergriffen, wo es am billigsten ist. Das entspricht der ökonomischen Effizienz.

Schwachstelle dieses Modells ist die praktische Durchführung. Technisch könnte man zwar so verfahren, daß Benzin-, Diesel-, Erdgas und Kohlemarken an jeden Bürger über 18 Jahre ausgegeben werden, mit denen dann Handel getrieben werden könnte. Das ist aber ein sehr rigides Verfahren, das an Kriegszeiten erinnert. Der kritische Punkt ist allgemein, daß die öffentliche Verwaltung für Millionen von Verbrauchern sicherstellen müßte, daß nur derjenige CO_2 emittiert, der auch über die ausreichende Menge an Emissionsrechten verfügt.

Ein einfacheres Modell würde in der Zuteilung der Rechte an die Händler mit Brennstoffen (Großhandel, Hersteller bei Direktverkauf und Eigenverbrauch) bestehen. Ihre Zahl ist wesentlich kleiner als die der Verbraucher, so daß sich die Kontrolle erleichtert. Die Händler erhalten zunächst entsprechend dem Kohlenstoffgehalt ihrer Absatzmengen in einer

Ausgangsperiode Emissionsrechte zugewiesen. Da zwischen dem Kohlenstoffgehalt und den einzelnen Brennstoffmengen eine feste Beziehung besteht, impliziert diese Kontingentierung eine Zuweisung von Verkaufsrechten. Die Absatzmenge, die durch ein Emissionsrecht möglich ist, entspricht dem reziproken Wert des Kohlenstoffgehalts, z. B. für Benzin $x = 1/a$ und für Kohle $y = 1/b$ ($b>a$). Ein Emissionsrecht soll langfristig gelten. Es berechtigt zur Produktion in jeder zukünftigen Periode. Die Rechte werden nach und nach abgewertet. Die CO_2-Emissionsmenge muß deshalb zurückgehen. Ebenso müssen der Kohle-, Erdöl-, und Erdgassektor zwangsläufig schrumpfen. Die Händler haben sich zu entscheiden, ob sie ihren Absatz im Ausmaß der Abwertung verringern oder ob sie den Absatz aufrechterhalten oder ausdehnen wollen und dann Rechte hinzukaufen oder ob sie ihren Betrieb weiter verkleinern wollen, indem sie Rechte verkaufen.

Was geschieht, wenn sich die Händler mit den Kontingenten begnügen, wenn also kein Handel mit den Emissionsrechten zustande kommt? Wegen der Angebotsverknappung steigen auf allen Teilmärkten für fossile Stoffe die Preise. Es entstehen Nachfrageüberschüsse, die es den Anbietern erlauben, höhere Preise zu fordern (Annahme flexibler fossiler Brennstoffpreise). Die Preiserhöhungen lösen Nachfrageeinschränkungen durch Substitution und Verzicht aus, und zwar sowohl bei den Haushalten als auch bei den Unternehmen. Es kommt zu CO_2-Einsparungen auf breiter Front.

Die Mängel dieses Modells liegen auf der Angebotsseite. Nicht die Kosten, sondern der Besitz von Rechten bestimmt das Angebot. Neuen Unternehmen, die billiger anbieten können, wird der Marktzutritt versperrt. Die Folgen sind wieder Monopolgewinne und ein Verlust an Effizienz und Dynamik in der Wirtschaft.

Diese Ineffizenzen auf der Angebotsseite können nur vermieden werden, wenn es zu einem Handel mit Emissionsrechten kommt. Arbitrageprozesse sind möglich, wenn die Unternehmen nach Gewinnmaximierung streben, Wettbewerb herrscht und die Grenzgewinne aus einem Emissionsrecht in den verschiedenen Verwendungen (für fossile Stoffe) und bei den verschiedenen Händlern des gleichen Stoffes divergieren. Betrachten wir die beiden Stoffe x (Benzin) und y (Kohle), für die die Preise p_x und p_y gelten. Ein zusätzliches Emissionsrecht für x führt bei Veräußerung zu einem zusätzlichen Verkaufserlös von p_x/a. Es entstehen zusätzliche Händlerkosten $K'(x)/a$. Die Differenz zwischen beiden Größen ergibt den zusätzlichen Gewinn, der in einer Periode erzielbar ist. Wenn ein Emissionsrecht weniger zur Verfügung steht, vermindert sich in gleicher Höhe der Gewinn. Die Grenzgewinne der beiden Brennstoffe betragen also

$$\frac{p_x - K'(x)}{a} \quad \text{und} \quad \frac{p_y - K'(y)}{b}.$$

Ein zusätzliches Recht ermöglicht einen zusätzlichen Absatz für alle zukünftigen Perioden. Deshalb ist für den Händler bei seiner Wahlentscheidung der Gegenwartswert der zukünftigen Grenzgewinne relevant. Für x gilt etwa (bei konstanter Diskontierungsrate i):

$$G'_x = \sum_{j=1}^{n} ((p_{xj} - K'_j(x))/a)\,(1+i)^{-j}.$$

Der Händler muß also die zukünftigen Absatz- und Beschaffungspreise sowie die sonstigen Kosten abschätzen. Der nächste Schritt besteht dann darin, den Barwert des Rechts mit dem Marktpreis für das Recht, den man beim Kauf bezahlen muß oder den man bei Verkauf als Erlös erhält, zu vergleichen.

Wenn die diskontierten Grenzgewinne voneinander abweichen, besteht für zwei Händler ein Spielraum, sich auf einen mittleren Preis zu einigen. In unserem Beispiel könnte etwa gelten:

$$G'_x > p > G'_y$$

mit

$$G'_x = 10\,\text{DM} \quad \text{und} \quad G'_y = 6.-\,\text{DM}.$$

Für beide wäre beispielsweise ein Preis von 8.- DM akzeptabel. Der Händler mit dem höheren Grenzgewinn (x) kauft das Recht und kann dadurch seinen Gewinn gegenüber dem Zustand der Kontingentierung um 2.- DM erhöhen. Der Händler mit dem geringeren Grenzgewinn verkauft sein Recht. Auch für ihn ergibt sich eine Gewinnsteigerung von 2.- DM. Es ist für ihn lukrativer, das Emissionsrecht zu verkaufen als die betreffende Menge fossiler Energieträger.

Relativ hohe Grenzgewinne signalisieren relativ hohe Grenznutzen und/oder relativ niedrige Grenzkosten. Der Tausch der Rechte führt dazu, daß das Angebot in Bereichen mit hoher Dringlichkeitsbewertung der Güter ausgedehnt und in anderen Bereichen eingeschränkt wird und daß effiziente Unternehmen ihren Absatz gegenüber weniger effizienten Anbietern ausdehnen. Der Handel mit den Emissionsrechten entzerrt die anfangs fixierten Angebotsstrukturen und senkt so die volkswirtschaftlichen Kosten der CO_2-Einsparung. (Bei perfektem Funktionieren des Wettbewerbs werden die volkswirtschaftlichen Kosten minimiert.)

Wie ist dieses Modell zu beurteilen?

1) Wesentliche administrative Probleme dürften nicht bestehen, auch wenn die Anzahl der zu überwachenden Unternehmen keineswegs klein ist.

2) Es ist unsicher, ob sich ein funktionsfähiger Markt für die Emissionsrechte herausbilden kann. Die kritische Frage dürfte sein, ob es eine allgemeine Bereitschaft zur Veräußerung von Rechten gibt. Ein Produktionsrecht wird nicht so leicht verkauft wie etwa ein Wertpapier. Der Gewinn ist nicht das einzige Motiv für den Unternehmer. Der Verkauf impliziert eine Verkleinerung des Betriebes. Diese Entscheidung fällt nicht leicht. Man kann einwenden, daß der Unternehmer später, wenn sich für ihn günstige Gewinnverhältnisse ergeben, Rechte neu zukaufen kann. Jedoch ist die Höhe des Preises hier unsicher. Wer heute verkauft, geht ein spezifisches Risiko ein. Aus Vorsorgegründen kann man Rechte in Reserve behalten. Zumindest wird man beim Verkauf eine Risikoprämie einkalkulieren, die den Preis anhebt und Käufer abschreckt. Die geforderten Risikoprämien können so hoch sein, daß sie die Gewinndifferenzen verschwinden lassen.[71] Vor allem der mangelnde Wettbewerb – kein Anbieter kann vom Markt verdrängt werden – läßt es sehr fraglich erscheinen, ob ein Handel mit den Emissionsrechten zustande kommen wird.

3) Für die Händler erhöhen sich tendenziell die Gewinne, obwohl der Absatz zurückgeht. Durch die Kontingentierung entsteht ein Nachfrageüberschuß, der bei Flexibilität die Preise bis an die Obergrenze ansteigen läßt (vgl. Abb. 6). Unterstützt wird die Sogwirkung der Nachfrage durch einen Kartellierungseffekt. Der einzelne Händler muß, wenn er seinen Preis erhöhen will, nicht oder nur selten damit rechnen, daß Kunden zur Konkurrenz abwandern, denn dort sind die Absatzmöglichkeiten beschränkt. Der Wettbewerb ist wesentlich eingeschränkt. Da jeder Anbieter wenig Rücksicht auf die Konkurrenz nehmen muß, erhöht sich auch bei allen die Neigung, die Preise anzuheben. Das Preisniveau nähert sich dem Monopolpreis an, bei dem der Gewinn für den ganzen Sektor maximiert wird. In allen anderen Unternehmensbereichen sinken dagegen die Gewinne (bei den Herstellern der fossilen Energieträger wegen des Absatzrückganges, auf den nachgelagerten Stufen wegen der Kostensteigerung). Ebenso vermin-

---

[71] Marktstrategisches Verhalten wird andererseits bei der Anwendung des Systems auf der Handelsstufe mit vielen Unternehmen eine eher untergeordnete Rolle spielen (Aufkauf von Rechten, um den Marktanteil zu erhöhen, Nichtverkauf, um die Marktstellung zu halten und Newcomer vom Markt fernzuhalten). Diese Verhaltensweisen sind zu erwarten, wenn das Zertifikatsystem auf der Ebene der (wenigen) Hersteller/Importeure von fossilen Energieträgern angewendet wird.

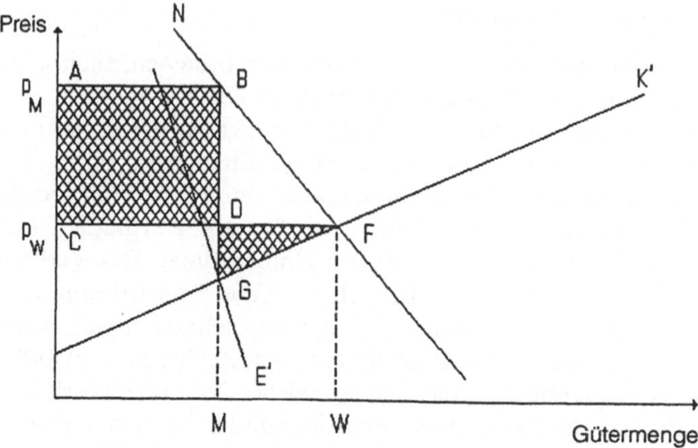

Abb. 6. Gewinnsteigerung durch Quasi-Kartellierung. (Eine Verringerung des Wettbe-
werbsangebots *W* als Folge der Kontingentierung führt bis zum reinen Monopolange-
bot *M* zu Gewinnsteigerungen am Markt. Der Gewinn erhöht sich um einen Betrag,
der der Differenz der Flächen ABCD und DFG entspricht)

dern sich die Realeinkommen der Lohnempfänger und der sonstigen
Einkommensgruppen. Das System begünstigt einseitig die Händler. Die
zusätzlichen Einkommen basieren nicht auf einer eigenen Leistung
(Renteneinkommen). Diese Wirkung ist nicht nur verteilungspolitisch
problematisch, sondern sie fördert auch die Unternehmenskonzentra-
tion, weil die Konzerne der Mineralölindustrie die Handelsbetriebe
aufkaufen werden. Um diese Nachteile zu vermeiden, scheint es
angezeigt, ergänzend zum Zertifikatssystem eine Abschöpfungssteuer
einzuführen.

Insgesamt erscheint es sehr unsicher, ob dieses System tatsächlich funktionieren könnte. Außerdem kompliziert sich seine Anwendung, weil
auf Gewinnregulierungen im Handelsbereich kaum verzichtet werden
könnte.

Nach einem anderen System werden die Verkaufsrechte für Kohle,
Erdöl und Gas Jahr für Jahr neu versteigert. Dann verliert zwar das
Monopolargument an Bedeutung, es tritt aber nun der Nachteil auf, daß
sich für die betroffene Wirtschaft die Produktions- und Investitionsrisiken
empfindlich erhöhen können. Bisher gibt es keine Vorbilder für die
Versteigerung so kurzfristiger Nutzungsrechte.

6.4 Die Kohlendioxidabgabe

6.4.1 Ausgestaltung und Eigenschaften

Der systematische abgabenpolitische Ansatz zur Lösung des CO_2-Problems besteht in der Erhebung einer allgemeinen CO_2-Steuer. Ihr entscheidendes Merkmal ist die Besteuerung der fossilen Energieträger nach dem Kohlenstoffgehalt und dem Verbrauch.[72] Steuerpflichtig wäre der Verkauf, Eigenverbrauch und Import von Kohle, Erdöl, Erdgas und Brennholz. Bei der Veredelung von Kohle in Kokereien werden auch CO_2-Emissionen freigesetzt, so daß hier die Erhebung auf der Stufe des Absatzes der Rohkohle sinnvoll erscheint. Beim Erdöl kann man dagegen sowohl das Rohöl als auch die energetisch genutzten Mineralölprodukte (Benzin, leichtes und schweres Heizöl, Schmierstoffe u. a.) besteuern.

Im grenzüberschreitenden Verkehr wäre das Bestimmungslandprinzip mit seinem System des Grenzausgleichs anzuwenden. Mit einer nationalen CO_2-Abgabe sollen die Emissionen im Inland verringert werden. Deshalb sind Importe zu besteuern und Exporte von der inländischen Steuer zu entlasten. Man sollte sich auf dieses Prinzip international einigen, weil auf diese Weise Verzerrungen des internationalen Handels durch Doppelbesteuerung importierter Brennstoffe vermieden werden. Unter fiskalischem Aspekt profitieren vom Bestimmungslandprinzip die Staaten, die mehr fossile Stoffe importieren als exportieren. Der Außenhandel trägt dann insgesamt zu einem positiven Steueraufkommen bei.

Innerhalb der EG sollen mit der Schaffung des Binnenmarktes 1993 die Grenzkontrollen wegfallen, so daß der Ausgleich an der Grenze nicht in Betracht kommt. Es könnte dann ein System angewendet werden, das die Kontrollen in die Betriebe verlagert: die Ausfuhr bleibt steuerfrei. Gleichzeitig werden die Exporteure verpflichtet, über jede Ausfuhr eine Meldung zu machen. Die Ausfuhrmeldungen werden an das Importland weitergereicht, das so nachprüfen kann, ob die Importeure den Wareneingang richtig erfaßt haben. Der Importeur muß die Einfuhr versteuern. Dieses System ist von den Niederlanden für die Umsatzsteuer vorgeschlagen worden.

Als Bemessungsgrundlage kann man entweder die Absatzmenge der fossilen Stoffe oder die in ihr enthaltene Kohlenstoffmenge wählen. Die Kohlenstoffmenge ermittelt sich aus dem spezifischen Kohlenstoffgehalt je

---

[72] Vgl. zur CO_2-Abgabe auch: K.-H. Hansmeyer, Neue Dimensionen der Energiebesteuerung: Die Diskussion um eine CO_2-Abgabe, in: Finanzwissenschaft im Dienste der Wirtschaftspolitik, Dieter Pohmer zum 65. Geburtstag, F.X. Bea und W. Kitterer (Hrsg.), Tübingen, 1990, S. 267ff.

Meßeinheit (z. B. Tonnen SKE) und der Absatzmenge (in Tonnen SKE). Geht man von dieser Basis aus, dann ist ein einheitlicher Steuersatz auf alle fossilen Brennstoffe zu erheben (proportionale Mengensteuer). Entscheidet man sich dagegen für die Absatzmenge als Bemessungsgrundlage, so sind Tarife anzuwenden, die nach dem spezifischen Kohlenstoffgehalt der einzelnen fossilen Stoffe differenziert sind (Mengenabgabe mit differenzierten Steuersätzen). Da der CO_2-Ausstoß – bezogen auf die Tonne SKE – bei Erdgas um 34 % geringer ist als bei Erdöl und bei Steinkohle (Braunkohle) um 14 % (45 %) höher liegt, müßten sich auch die Tarife in diesem Maße unterscheiden.[73]

Das Tarifniveau müßte so hoch bemessen sein und angepaßt werden, daß unter Berücksichtigung der Reaktion der Wirtschaft und unter Beachtung exogener Datenänderungen das anvisierte CO_2-Ziel in dem vorgegebenen Zeitrahmen erreicht wird. Der Tarif sollte schrittweise erhöht werden, um Anpassungsschwierigkeiten in der Wirtschaft möglichst gering zu halten und um auf neue Entwicklungen reagieren zu können. Die vorherige Ankündigung definitiver Tariferhöhungen in einem Abgabengesetz ist nicht möglich, weil sich die Politik erst im Laufe der Zeit an das richtige Tarifniveau herantasten muß. Wie hoch die Abgabe endgültig sein wird, hängt von den kurz- und mittelfristigen Substitutionsmöglichkeiten für fossile Energien, den induzierten umweltfreundlichen technischen Fortschritten sowie von exogenen Faktoren wie dem Wirtschaftswachstum, der Inflation, dem allgemeinen technischen Fortschritt und der Preisentwicklung auf den Energiemärkten ab. Höhere Energiepreise erlauben eine geringere Abgabe.

Das Modell der CO_2-Abgabe weist gegenüber einem Mischsystem von Auflagen und Subventionen eine Reihe wichtiger Vorzüge auf:

1) Die Abgabe ist einfach zu erheben, weil nur ein kleiner Kreis von Unternehmen der Steuer unterliegt.

2) Die Abgabe besitzt die größtmögliche Breitenwirkung. Indem sie alle Heiz- und Treibstoffe verteuert, wirkt sie (bei flexiblen Preisen) über die Preismechanik umfassend auf die Volkswirtschaft ein. Die Preisrelationen der Güter ändern sich nach Maßgabe der CO_2-Intensitäten und lösen Substitutionsprozesse zugunsten CO_2-armer Güter und Techniken aus.

3) Unternehmen und Haushalte passen sich der Abgabe – wie anderen Preiserhöhungen – in der für sie günstigsten Weise an. Durch die Abgabe wird deshalb eine unter Kostengesichtspunkten optimale Struktur der Vermeidungsaktivitäten gefördert. Die CO_2-Einsparungen in der Volks-

---

[73] Vgl. auch Wicke, L. und Hucke, J., Der ökologische Marshallplan, a.a.O., S. 279.

wirtschaft richten sich nach den Knappheitsverhältnissen (Substitutionskosten).

4) Die Strukturänderungen in der Wirtschaft stellen sich automatisch ein. Der Staat muß die jeweiligen Vermeidungskosten nicht kennen; er muß lediglich die Rahmenbedingungen richtig setzen. Er wird der Aufgabe enthoben, die CO_2-Reduzierungen in den einzelnen Sektoren und bei den einzelnen Wirtschaftssubjekten und Aktivitäten durch eine Vielzahl von Vorschriften, die ökonomisch zwangsläufig willkürlich sein müssen, zu steuern. Die Abgabenlösung verspricht eine minimale Ausweitung der Bürokratie.

5) Die Abgabe fördert in systematischer und effizienter Weise den CO_2-sparenden technischen Fortschritt. Die Kostensteigerungen regen zu forcierten Vermeidungsanstrengungen an. Die heutige Diskriminierung der Forschung und Entwicklung auf den Gebieten des Energiesparens und der Nutzung der Sonnenenergie wird beseitigt. Für die Wirtschaft wird es lohnend, nach Wegen zu suchen, wie der CO_2-Ausstoß mit niedrigeren Kosten verringert werden kann. Da auf lange Sicht nur neue Techniken den Ausweg aus dem Treibhausproblem versprechen (Sonnenenergie und Wasserstoff), können diese langfristigen dynamischen Anreizeffekte der Steuer gar nicht überbetont werden.

Eine CO_2-Abgabe wirkt also im Prinzip durchgreifend (bei genügend hohem Tarif), ist einfach zu verwalten, effizient und stiftet einen maximalen Anreiz für den CO_2-sparenden technischen Fortschritt. Man kann davon ausgehen, daß die Umweltschutzkosten wesentlich geringer sein werden als bei einem selektiven Auflagen-Transfer-System. Diese Vorteile haben angesichts der gewaltigen Aufgaben, die durch Energieeinsparung und Entwicklung neuer Energiesysteme zu bewältigen sind, sehr großes Gewicht. Die Politik sollte unnötige Kosten und Hemmungen des umweltfreundlichen technischen Fortschritt vermeiden. Daß durch die Marktkräfte Einsparprozesse in massiver Weise ausgelöst werden können, haben die Ölpreissteigerungen der 70er Jahre gezeigt. Der spezifische Energieverbrauch ist seitdem stark gesunken. In der Bundesrepublik Deutschland wird heute ein um rund 30% höheres reales Sozialprodukt mit etwa der gleichen Primärenergiemenge wie 1973 erzielt. Diese Entwicklung ging allerdings mit einer zunächst starken Erhöhung des Rohölpreises einher (nach 1985 war der Preis wieder stark rückläufig). Über den ganzen Zeitraum hat sich der Preis für Erdölerzeugnisse in der Bundesrepublik Deutschland um etwa 100% und für Kraftstoffe um 40% erhöht.

6.4.2 Anwendungsfragen

Bei der praktischen Umsetzung des CO_2-Steuermodells stellen sich eine Reihe zusätzlicher Fragen. Soll an der Ausnutzung von Substitutionsmöglichkeiten zwischen den Energieträgern angesichts der Kohleschutzpolitik (in der Bundesrepublik) und des Fehlens eines freien Erdgasmarktes festgehalten werden? Soll die Kernenergie unbesteuert bleiben? Empfiehlt sich die Erhebung einer CO_2-Abgabe als Zuschlag zur Mineralölsteuer? Wie lassen sich makroökonomische Konflikte mildern, und wie sollte das Steueraufkommen verwendet werden? Erscheint eine Zweckbindung ratsam? Sollte nicht eher statt einer CO_2-Steuer eine allgemeine Energiesteuer eingeführt werden? Inwieweit erscheint eine Kombination mit Auflagen und Finanzhilfen, ein Instrumentenmix, angezeigt?

Nach ihrem Beschluß vom 7. November 1990, die CO_2-Emissionen um 25–30% bis zum Jahr 2005 zu senken, prüft die Bundesregierung die Möglichkeit der Einführung einer CO_2-Abgabe. Als Anforderungen an eine solche Abgabe werden genannt:[74]

- Die Abgabe soll sich nach den CO_2-Emissionen richten.
- Der Tarif soll so bemessen sein, daß die zusammen mit anderen Maßnahmen angestrebte Emissionsminderung von 25–30% erreicht wird. Dabei ist auch die Energieverbrauchsentwicklung zu berücksichtigen.
- Die Abgabe soll die CO_2-Emissionen allgemein senken. Sektorspezifische Minderungsziele kommen nicht in Betracht.
- Die Einbeziehung anderer klimawirksamer Gase, wie z.B. Methan, in eine CO_2-Abgabe scheidet aus, weil sie dieses Instrument überfrachten würde. Hier ist die Anwendung gesonderter Maßnahmen zu überprüfen.

Inzwischen haben sich die CDU, die CSU und die F.D.P. in ihrer Koalitionsvereinbarung für die 12. Legislaturperiode auf die Einführung einer CO_2-Abgabe geeinigt. In der Vereinbarung heißt es: „Der CO_2-Ausstoß wird durch eine restverschmutzungsabhängige CO_2-Abgabe belastet, wobei gesetzlich vorgeschrieben wird, das Aufkommen für Maßnahmen des Umweltschutzes, insbesondere des Klimaschutzes, zu verwenden. Dabei ist in jedem Jahr nachzuweisen, daß die Aufwendungen des Bundes für Maßnahmen, die dem Umwelt- bzw. Klimaschutz dienen, mindestens so groß sind wie das Aufkommen der Abgabe."[75] Als weitere Maßnahmen

---

[74] Vgl. Antwort der Bundesregierung auf die Kleine Anfrage der Abgeordneten Schäfer (Offenburg), Adler, Bachmaier u.a. und der Fraktion der SPD – BT-Drucksache 11/5712 – Kohlendioxyd-Abgabe.

[75] Vgl. Frankfurter Allgemeine Zeitung, Freitag, 25. Januar 1991, S. 8.

gegen den Treibhauseffekt werden genannt die Förderung der Entwicklung erneuerbarer Energien, die Umwandlung der Kraftfahrzeugsteuer in eine Schadstoffsteuer mit starker Spreizung und CO_2-Komponente, die Entwicklung von fahrzeugspezifischen Verbrauchswerten in Abhängigkeit von Automobilgrößenklassen und Bemühung um Umsetzung auf europäischer Ebene sowie die intensive Unterstützung der Entwicklung alternativer Antriebstechnologien (Wasserstoff u. a.).

6.4.2.1 Preisbindung für Erdgas

Die Wirkungen der CO_2-Steuer kommen voll zur Geltung, wenn die Preise für die Energieträger flexibel sind und Angebot und Nachfrage sich frei anpassen können. Diese Bedingungen sind für Erdgas und Steinkohle (in der Bundesrepublik Deutschland) nicht erfüllt. Es ist international üblich, in den langfristigen Lieferverträgen für Erdgas den Preis an den Preis für Heizöl zu binden, und zwar an den Preis nach Steuer.[76] Begründet wird diese Bindung mit dem besonderen Risiko durch die hohen Pipeline-Investitionen. Da Erdöl der wichtigste Konkurrent ist, sichert die Preiskopplung die Wettbewerbsfähigkeit der Gaswirtschaft. Die CO_2-Steuer auf Erdöl führt dann entsprechend den Preisgleitklauseln zu einer parallelen Anhebung des Erdgaspreises in den Altverträgen, obwohl die Steuer auf Erdgas geringer ist. Die Lieferverträge haben eine Laufzeit von 20–25 Jahren. Da wesentliche Möglichkeiten zur Einsparung von CO_2 so auf kürzere Sicht blockiert werden, könnte sich der Staat für eine Anpassung der Verträge einsetzen. Das Risikoargument ist hier nicht mehr stichhaltig, weil Erdgas im Vergleich zu Erdöl billiger wird. Dem Anliegen der Gaswirtschaft würde auch eine Koppelung der Preise vor Steuer gerecht werden.

6.4.2.2 Schutz der Steinkohle

Die CO_2-Steuer konfligiert mit der deutschen Kohlepolitik. Zum Schutz der heimischen Steinkohle ist der Wettbewerb zwischen Steinkohle und Erdöl weitgehend ausgeschaltet. Ein umfassendes Instrumentarium sorgt für den weitestgehenden Ausgleich der Mehrkosten, die den Kraftwerken durch den Einsatz der Steinkohle gegenüber dem schweren Heizöl entstehen. Die Zuschüsse werden vom „Ausgleichsfonds zur Sicherung des Steinkohleeinsatzes" gezahlt. Die Elektrizitätswerke speisen den Fonds

---

[76] Vgl. Engels, W. u. a., Mehr Markt in der Energiewirtschaft, 1988, S. 24.

durch die sogenannte Ausgleichsabgabe („Kohlepfennig"), den sie an den Endverbraucher weitergeben.[77] Auf dieser rechtlichen Grundlage haben sich Bergbau und Elektrizitätswirtschaft 1980 im „Jahrhundertvertrag" verbindlich auf die Jahresmengen inländischer Steinkohle geeinigt, die bis 1995 verstromt werden sollen. Wenn im Gefolge einer CO_2-Steuer der Preis für Heizöl steigt, erhöht sich auch der Kohlepreis für die Elektrizitätswirtschaft, weil die Subventionen gekürzt werden. Eine Zusatzsteuer auf Kohle ist in diesem System ausgeschlossen. Die Substitution von Kohle durch das kohlenstoffärmere schwere Heizöl bei der Stromgewinnung wird verhindert. Noch ein weiterer Nachteil kommt hinzu: Die Verteuerung des Erdöls (und damit des Kohleeinsatzes) schlägt nicht oder nur begrenzt auf den Strompreis durch, weil der Kohlepfennig sinkt. Dadurch gehen Anreize zum Stromsparen verloren. Positiv zu beurteilen ist, daß die Verteuerung der Kohle die Kraftwerke zu Maßnahmen der Steigerung des Wirkungsgrades der Primärenergieumwandlung anregt. Aus umweltpolitischer Sicht sollte der Jahrhundertvertrag nach 1995 nicht fortgeschrieben werden. Diese Forderung wird auch aus energiepolitischen Gründen erhoben.[78] Nach der Vereinigung der beiden deutschen Staaten wäre auch die Subsitution der Braunkohle durch Erdöl in der ehemaligen DDR aus ökologischen Gesichtspunkten wünschenswert. Allerdings müßte dann der Braunkohlenbergbau in den neuen Bundesländern massiv schrumpfen, was Strukturprobleme aufwirft.

Den Anteil der einzelnen fossilen Energieträger an den CO_2-Emissionen durch die Stromerzeugung und die Emissionen nach Sektoren geben die Tabellen 6 und 7 wieder.

6.4.2.3 Kernenergie

Nicht erfaßt wird von der CO_2-Steuer die Kernenergie. Der Atomstrom ist relativ billiger. Das ist jedoch unter lenkungspolitischen Aspekten unbedenklich, weil über den Ausbau der Kernenergie der Staat und nicht der Markt entscheidet. Da jedoch Strom teurer wird und auch die Kernkraftwerke in den Genuß dieser Preissteigerung kommen, erzielen sie „windfall profits", die ökonomisch funktionslos sind. Es gibt keine Rechtfertigung für diese Gewinne. Deshalb sollten sie weggesteuert werden. Dieser Aspekt spricht dafür, auch von der Kernenergie eine Abgabe zu erheben. Als

---

[77] Bemessungsgrundlage der Ausgleichsabgabe ist der Erlös. Die Abgabe wird länderweise mit verschiedenen Sätzen erhoben. Der Tarif beträgt zur Zeit durchschnittlich 4,5%.

[78] Vgl. Engels, W., u. a., Mehr Markt in der Energiewirtschaft, a.a.O., S. 56ff.

Tabelle 6. CO_2-Emissionen durch die Stromerzeugung 1987 (in Mio t CO_2)

	Alte Bundesländer	Neue Bundesländer	Deutschland
Steinkohle	124	–	124
Braunkohle	86	117	203
Mineralöl	9	1	10
Gas	17	3	20
Summe	236	121	357

Quelle: BMWi, Institut für Energetik, Leipzig, KFA-Jülich (entnommen: Bericht des Bundesministers für Umwelt, Naturschutz und Reaktorsicherheit zur Reduzierung der CO_2-Emissionen in der Bundesrepublik Deutschland bis zum Jahr 2005, Bonn 1990, S. 31.

Tabelle 7. Energiebedingte CO_2-Emissionen in der Bundesrepublik Deutschland nach Sektoren im Jahre 1987

Sektoren	CO_2-Emissionen in Mio. t	Anteil
Kraftwerke	252	35,2%
Haushalte und Kleinverbraucher	186	26,0%
Verkehr	137	19,1%
Industrie*	120	16,7%
Sonstiger Umwandlungsbereich	21	3,0%
	716	100%

* einschließlich Hochofenprozeß.

Quelle: Umweltbundesamt. Entnommen: Konzept zur Verminderung der CO_2-Emissionen, in: Umwelt Nr. 7/1990.

zusätzliche Begründung kann man anfügen, daß der Atomstrom heute zu billig ist, weil die externen Risikokosten nicht internalisiert werden und deshalb die Anreize zum Energiesparen auf den nachgelagerten Stufen zu gering sind.

6.4.2.4 Ausbau der Mineralölsteuer

Wenn man die Kohle nicht zusätzlich besteuern will, dann braucht eine CO_2-Abgabe auch nicht auf der Primärstufe anzusetzen. Man könnte daran denken, die heutige Mineralölsteuer auszubauen. Die Mineralölsteuer erfaßt den Verbrauch der fossilen Kraft-, Schmier- und Heizstoffe sowie das Erdgas. Der größte Teil des Aufkommens entfällt auf die Kraftstoffsteuer. Die Mittel aus Kraft- und Schmierstoffsteuer sind zweckgebunden für den Straßenbau.[79] Die Motive für die Erhebung dieser Steuern sind ganz unterschiedlich: Die Kraftstoffsteuer wird heute als Umlage der variablen Kosten des Straßenverkehrs interpretiert (Äquivalenzprinzip). Die Steuer auf Heizöl wurde zum Schutz des Steinkohlebergbaus eingeführt. Erdgas und Flüssiggas werden seit 1989 als Ausgleich für die Anhebung der Heizölsteuer besteuert. Der Tarifstruktur liegen keine genauen physikalischen Leistungskriterien zugrunde. Kraftstoffe werden höher als Heizstoffe besteuert, Benzin ist stärker belastet als Dieselkraftstoff und Super-Benzin, Diesel weniger als leichtes Heizöl und Erdgas – bezogen auf den gleichen Heizwert – deutlich niedriger als leichtes Heizöl.[80]

Soll die Steinkohle weiter geschützt werden, so brauchen nur Benzin, Diesel, Heizöl, Schmierstoffe und Erdgas zusätzlich besteuert zu werden. Wegen der Verteuerung des schweren Heizöls verringern sich automatisch die Kohlesubventionen, so daß auch hier die Kosten steigen, ohne daß allerdings auch der Strom für die Endverbraucher notwendigerweise teurer wird (und Stromeinsparungen gefördert werden). Maßnahmen zur Erhöhung des Wirkungsgrades der konventionellen Kraftwerke werden angeregt. Da die Mineralölsteuer nun umweltpolitischen Zwecken dienen soll, reichen bloße Zuschläge zu den bisherigen Sätzen nicht aus. Eine grundlegende Umgestaltung mit folgenden Änderungen ist notwendig:

- Alle Ausnahmeregelungen, vor allem das Eigenverbrauchsprivileg der Mineralölwirtschaft, sind aufzuheben.[81]
- Das Aufkommen der Abgabe darf nicht für Zwecke des Straßenverkehrs gebunden sein.
- Brennholz muß besteuert werden.

---

[79] Bis zu 0,06 DM/l dient der Verkehrsfinanzierung der Gemeinden (sog. Gemeindepfennig) und bis zu 0,01 DM/l sowie die Hälfte des restlichen Aufkommens dem Bundesstraßenverkehr. Das konkrete Ausmaß der Zweckbindung ergibt sich nach Maßgabe der jeweiligen Haushaltspläne.

[80] Vgl. Peters, M., Das Verbrauchsteuerrecht, München 1989, S.259.

[81] Das bei der Herstellung von Mineralölerzeugnissen eingesetzte Mineralöl ist heute steuerfrei.

– Die Steuersätze müssen wesentlich angehoben werden, um die notwendigen Substitutionsprozesse auszulösen.
– Die Tarife müssen systematisch nach Umwelt- und physikalischen Leistungskriterien gestaffelt sein. Der Kohlenstoffgehalt der verschiedenen Mineralölprodukte ist bezogen auf den Heizwert gleich. Aus der Sicht der CO_2-Reduktionspolitik sind deshalb alle Mineralölprodukte – bezogen auf die physikalische Leistungseinheit – gleich zu besteuern. Für Erdgas ist der Tarif niedriger anzusetzen.

6.4.2.5 Politische Widerstände und makroökonomische Konflikte

Auf Schwierigkeiten stößt die Abgabenlösung bei der politischen Durchsetzung. Dafür ist wesentlich die Belastung der Restemissionen verantwortlich. Abgaben müssen auch dann noch gezahlt werden, wenn die Wirtschaftssubjekte die für die Erreichung des ökologischen Zieles notwendigen Einsparungen vorgenommen haben. Unternehmen und Haushalte sind nicht nur mit den Mehrkosten der Substitution und den Nutzeneinbußen aus Verzichten belastet, sondern sie tragen außerdem noch die höheren Kosten für die Heiz- und Treibstoffe und für die anderen damit hergestellten Güter. Wer Maßnahmen der Wärmedämmung ergriffen hat, verbraucht zwar weniger Heizstoffe, zahlt aber auf die verbleibenden Mengen den höheren Preis. Wer sich ein sparsameres – weniger schnelles und komfortables – Kraftfahrzeug angeschafft hat, muß neben den Nutzeneinbußen noch den höheren Treibstoffpreis hinnehmen. Die privaten Kosten des Umweltschutzes sind deshalb bei Abgaben im Vergleich zu Auflagen hoch. Die Restabgabe ist aber notwendige Bedingung für die Wirksamkeit des Abgabenmechanismus. Man kann die Abgabe nicht einfach wieder aufheben, wenn sich die Wirtschaft angepaßt hat und das Umweltziel erreicht worden ist.

Eine Konsequenz dieses Aspektes ist auch, daß Wirtschaftssubjekte, die keine Vermeidungsmaßnahmen ergreifen und die dies aus volkswirtschaftlicher Sicht auch nicht tun sollten – weil hier die Vermeidungskosten zu hoch sind –, ebenfalls die Abgabe zahlen müssen. Die Abgabe kann in bestimmten Emissionsbereichen völlig wirkungslos sein (Sektor 1 in Abbildung 7). An sich wäre ihre Erhebung hier nicht notwendig. Es würde genügen, nur in den Bereichen Emissionsvermeidungen in die Wege zu leiten, in denen dies mit den geringsten Kosten möglich ist. Der Staat kennt aber die Vermeidungskosten nicht. Das ist gerade das Problem, vor dem Auflagen stehen. Im allgemeinen gibt es überall effiziente Einsparmöglichkeiten.

Der andere kritische Punkt ist, daß angesichts der notwendigen starken Emissionseinschränkung, des weiterhin erwünschten Wirtschaftswachs-

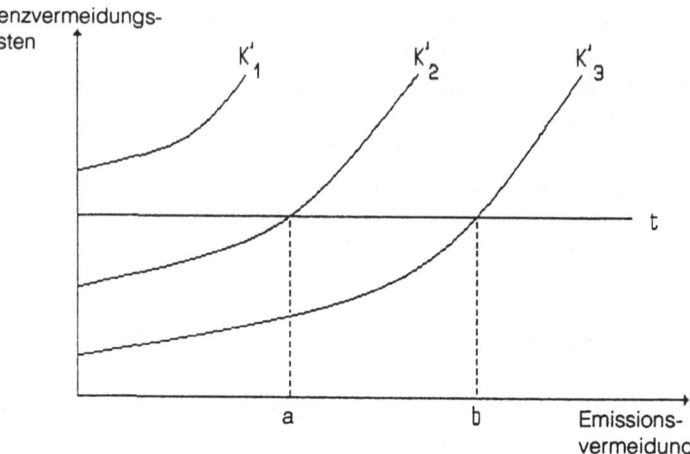

Abb. 7. Unterschiedliche Inzidenz einer Abgabe bei den Emittenten. (Wenn das ökologische Ziel eine Gesamtemissionsreduktion von a + b verlangt, dann reichen die Anpassungen in den Bereichen 2 und 3 aus, während der Sektor 1 nur Steuern zahlt. $t =$ Steuersatz)

tums und der häufig schwachen Reaktion der Nachfrage nach fossilen Stoffen auf Preiserhöhungen der Tarif wahrscheinlich recht hoch sein muß. Dadurch verschärft sich die Restabgabenproblematik.

Wegen der vergleichsweise hohen Kosten werden Unternehmen, Kraftfahrer und andere Wirtschaftsgruppen Abgabenlösungen erheblichen politischen Widerstand entgegensetzen. Sie werden eher für Auflagen und vor allem für Finanzhilfen votieren.

Auch makroökonomische Einwände lassen sich gegen die Abgabenlösung vorbringen. Weil nicht nur die realen Kosten zunehmen, sondern auch noch die Preise für die fossilen Stoffe steigen, verringern sich die Realeinkommen der Haushalte und die Gewinne der Unternehmen stärker als bei Auflagen. Die Privaten müssen ihren Konsum stärker einschränken und die Investitionen nehmen eher ab. Wenn nicht alle Länder das gleiche Instrumentarium einsetzen, verschlechtert sich die internationale Wettbewerbsposition des Landes. Ein so verringertes Wirtschaftswachstum vermindert nicht nur die Zunahme des Lebensstandards, sondern bringt auch Beschäftigungsprobleme mit sich. Wegen der größeren Preissteigerungen erhöht sich das Inflationsrisiko. Außerdem trifft die Verteuerung der Heiz- und Treibstoffe die unteren Einkommensschichten stärker als die Bezieher oberer Einkommen, weil sie im Verhältnis zu ihrem Einkommen tendenziell mehr für diese Güter ausgeben. Nicht zuletzt ergäben sich durch die Verteuerung des Autofahrens besondere Nachteile für die Landbevölkerung.

Diese Einwände sind gravierend. Wir ziehen daraus zwei Schlüsse: Über die Aufkommensverwendung der Abgabe sollte ein Ausgleich für die Mehrbelastungen und unsozialen Wirkungen hergestellt werden, und die Abgabe sollte durch andere Instrumente ergänzt werden.

6.4.2.6 Verwendung des Abgabenaufkommens

Die CO_2-Abgabe soll einen Lenkungszweck verfolgen. Die Mittelverwendung ist deshalb in diesem Zusammenhang zu sehen. Die Abgabe löst Substitutionseffekte aus und verringert als Restabgabe das verfügbare Einkommen der Privaten. Diese Einkommensminderung wirkt zwar über die Konsumeinschränkung umweltentlastend – allerdings nicht unbedingt CO_2-mindernd –, ist aber für die Erreichung des CO_2-Reduktionsziels nicht notwendig. Die ökologischen Wirkungen sind Folge der Substitutionseffekte. Die Restabgabe vermindert den privaten Konsum und die Investitionen in unnötiger Weise. Der allgemeine politische Ansatz verlangt nur die Anlastung der realen Vermeidungskosten.

Deshalb sollte das Abgabenaufkommen via Steuersenkungen und Transfers an die Privaten zurückgegeben werden. Dadurch werden im Durchschnitt die überflüssigen Einkommenseinbußen wettgemacht. Die Rückgabe führt dazu, daß den Privaten durchschnittlich nur die Vermeidungskosten angelastet werden. Diese systematische Lösung fördert die politische Akzeptanz der CO_2-Abgabe und vermindert die makroökonomischen Risiken. Durch die Steuersenkungen und Transfers werden der Konsum und die Investitionstätigkeit angeregt. Allerdings ist eine Verschlechterung der außenhandelspolitischen Position unvermeidbar, wenn ein Land gewillt ist, in der internationalen Klimaschutzpolitik eine Vorreiterfunktion einzunehmen. Die Kostensteigerungen der Unternehmen durch die Mehrbelastung lassen sich nicht gezielt wegsubventionieren.

Um unerwünschte Verteilungseffekte zu vermeiden, können bei den Entlastungen auch soziale Aspekte berücksichtigt werden. In Betracht kommen folgende Maßnahmen: Aufstockung der Sozialhilfe, Einführung eines „Öko-Bonus" (einheitlicher Transferbetrag pro Kopf)[82], Erhöhung des Grund- und Kinderfreibetrags bei der Einkommensteuer und Tarifsenkungen vor allem im unteren Einkommensbereich, Senkung der Mehrwertsteuer oder auch Verbilligung von Fahrkarten im öffentlichen Nahverkehr.

---

[82] Vgl. Teufel, D. u. a., Die Zukunft des Autoverkehrs. Öko-Bonus als marktwirtschaftliches Instrument im Umweltschutz – Vorschläge zu einer neuen Kostenverteilung im Verkehrsbereich, UPI-Bericht Nr. 17, 3. Aufl., Heidelberg 1990.

Die national angestrebte CO_2-Reduktion muß nicht allein durch Anpassungen des privaten Sektors herbeigeführt werden, wie wir bisher unterstellt haben. (Der Staat ist allerdings automatisch zum Teil mitbetroffen, weil er auch die höheren Preise für die Treib- und Heizstoffe und andere Güter zahlen muß.) Auch auf den Staat kommen Aufgaben zu. Es ist vor allem an die Verbesserung der Verkehrsinfrastruktur und die Förderung der Forschung und Entwicklung zu denken. Aber diese Aufgaben haben nichts mit der Lenkungsabgabe zu tun. Ob diese Investitionen vorgenommen werden sollen und in welcher Höhe, ob dafür andere Staatsausgaben gesenkt oder (bestimmte) Steuern erhöht – bzw. ein Teil des Aufkommens der CO_2-Abgabe verwendet – werden sollen, sind Entscheidungen, die neu zu treffen sind. Diese Entscheidungen würden sich in gleicher Weise stellen, wenn die Politik auf Auflagen und Finanzhilfen vertraut. (Man könnte dann beispielsweise auch eine emissionsbezogene Finanzierungsabgabe erheben, wenn man das für die gerechteste Lösung hält.)

6.4.2.7 Ergänzung durch andere Instrumente

Die CO_2-Abgabe sollte durch andere staatliche Maßnahmen unterstützt werden. Sie kann nicht alle Aufgaben allein wahrnehmen. Wenn wir von den besonderen Verhältnissen eines Landes absehen, so gibt es vor allem zwei Gründe für eine solche Entlastung der Abgabe: Unvollkommenheiten des Marktes und die unelastische Reaktion der Nachfrage auf Verteuerungen in wichtigen Emissionsbereichen (etwa im Kraftfahrzeugsektor).

Mit der Abgabe wird den Marktkräften die Lösung des Umweltproblems anvertraut. Dort, wo der Markt nicht richtig funktioniert oder ihm rechtliche Grenzen gesetzt sind, ist auch ihre Wirksamkeit eingeschränkt. Hierfür gibt es drei wichtige Beispiele:

1) Den Wohnungsmarkt: Die Wärmedämmung an alten und neuen Gebäuden ermöglicht erhebliche CO_2-Einsparungen. Bei selbstgenutzen Neu- und Altbauten und Geschäftsgebäuden kann man erwarten, daß nach Verteuerung des Heizstoffes wärmedämmende Techniken angewendet werden, um Kosten einzusparen. Bei vermieteten Gebäuden dagegen schlägt sich die Verteuerung zunächst nur in den Heizkosten nieder. Der geringe Wettbewerb zwischen den angebotenen Mietobjekten und die Mietpreisvorschriften schränken die Anreize für die Hauseigentümer zu Wärmeschutzinvestitionen ein. Die Verteuerung wird wahrscheinlich häufig einfach hingenommen und bleibt so ohne ökologischen Effekt (trotz genügend niedriger Vermeidungskosten). Flexiblere Mieten und Vorschriften, die eine bessere Umlage der

Investitionskosten auf die Mieten ermöglichen und eventuell auch Finanzhilfen könnten hier Abhilfe schaffen.

2) Den Verkehrssektor: Während zwischen den Herstellern von PkW und LkW intensive Konkurrenz herrscht, die zur Entwicklung immer besserer Kraftfahrzeuge führt und während der Staat bisher ohne Rücksicht auf die externen Kosten das Straßennetz extensiv ausgebaut hat (Bundesrepublik Deutschland), herrscht im Schienenverkehr ein staatliches Monopol. Es fehlt der Druck zu ständigen Leistungsverbesserungen. Deshalb ist es nicht verwunderlich, daß das Leistungsangebot nicht besonders attraktiv ist. Die Kosten, den Transport von Personen und Waren von der Straße auf die Schiene zu verlagern, sind aus diesem Grund relativ hoch (künstlich überhöht). Durch Privatisierungen (der Nutzung des Schienennetzes) und eigene verstärkte staatliche Anstrengungen sollte dieses umweltfreundliche Verkehrsmittel leistungsfähig ausgebaut werden. Wegen der geringeren Substitutionskosten erhöht sich dann auch die Wirksamkeit der CO_2-Abgabe. Ein niedrigerer Tarif reicht für die ökologische Zielrealisierung aus.

3) Die Forschung und Entwicklung: Die Forschungen auf dem Gebiet wegweisender neuer Energietechniken sind stark grundlagenorientiert. Die Ergebnisse können anderen Unternehmen nicht vorenthalten werden. Die Nutzenwirkungen haben zu einem wesentlichen Teil externen Charakter. Wer die Kosten aufwendet, kommt nur zum Teil in den Genuß des Ertrags. Das schränkt die private Innovationsbereitschaft ein und rechtfertigt staatliche Unterstützungen und die Eigenforschung. Die Abgabe allein entfaltet nicht genügend eigene Innovationskraft auf diesen Gebieten. Die Forschungsförderung vermindert auf lange Sicht die Substitutionskosten und erhöht so auch die Wirksamkeit der Abgabe.

Manche Emissionsbereiche reagieren auf Verteuerungen der fossilen Energieträger besonders unelastisch. Wenn auch sie als wichtige Quellen eingeschränkt werden müssen, um das CO_2-Ziel zu erreichen, ist es erforderlich, den Tarif relativ hoch anzusetzen. In den anderen Emissionsbereichen ruft der hohe Tarif kaum noch zusätzliche Vermeidungsmaßnahmen hervor. Er führt hier größtenteils nur zu zusätzlichen Steuerzahlungen (vgl. Abb. 8). Bei dieser Konstellation kann ein differenziertes Vorgehen sinnvoll sein. Wichtigstes Beispiel für diesen Fall ist der Straßenverkehr. Die Verteuerung des Treibstoffes müßte recht kräftig sein, um die Bevölkerung zu veranlassen, weniger, weniger schnell und sparsamere Autos zu fahren. Die schwache Reaktion ist Folge der hohen Substitutionskosten.

Die Mehrbelastungen lassen sich begrenzen, wenn man den Tarif auf ein mittleres Niveau – das die Anpassungen in den elastischeren Reaktions-

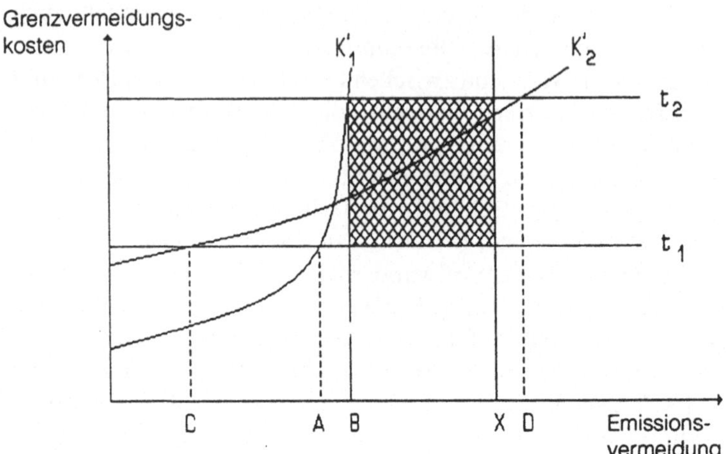

Abb. 8. Sektorale Unterschiede in den Substitutionskosten. (Bei einem mittleren Steuersatz t_1 werden die Emissionen von A + C vermieden. Es muß jedoch insgesamt eine größere Menge B + D eingeschränkt werden. Dafür bedarf es vor allem größerer Anstrengungen im Sektor 2. Mit Hilfe des Steuersatzes t_2 wird die gewünschte Reduktion zwar erzielt, im Sektor 1 fallen aber im wesentlichen nur höhere Steuerzahlungen – entsprechend der schraffierten Fläche – an. X = Emissionen 1 zu Beginn.)

bereichen sichert – absenkt und im unelastischen Sektor neben der CO$_2$-Abgabe zusätzliche Maßnahmen ergreift. Wesentliche Effizienzeinbußen müssen dabei nicht auftreten (vgl. Abb.8). Als ergänzende Maßnahmen zur Verteuerung der Treibstoffe könnten in Betracht kommen: Geschwindigkeitsbegrenzungen, Grenzwerte für den Treibstoffverbrauch, eine Flottenvorschrift nach US-amerikanischem Vorbild (etwa die Auflage an die Hersteller, den spezifischen Treibstoffverbrauch der verkauften Fahrzeugflotte von Jahr zu Jahr um x% zu senken oder bis zu einem bestimmten Zeitpunkt, etwa das Jahr 2000, einen bestimmten durchschnittlichen Treibstoffverbrauch, etwa 6 l Benzin auf 100 km, einzuhalten) oder auch die Umwandlung der Kfz-Steuer in eine emissionsbezogene Steuer. Die Umwandlung der Kfz-Steuer in eine Umweltabgabe ist von der Bundesregierung angekündigt worden. Die Steuer soll nach dem Kraftstoffverbrauch und nach anderen Schadparametern (Stickoxid-, Ruß- und Lärmemissionen) gestaffelt sein. Diese Abgabe würde die Anreizwirkungen aus der Verteuerung des Treibstoffs verstärken. Gefördert wird der Kauf kleinerer und weniger schneller Autos – und zwar in allen Klassen – sowie die Entwicklung sparsamerer Motoren und Fahrzeugkonstruktionen. Wichtig wäre, daß auch Dieselfahrzeuge der Steuer unterworfen werden, da gerade bei Diesel-PkW und -LkW beträchtliche Einsparpotentiale vorhanden sind und der Lkw-Verkehr stark expandiert.

7 Zusammenfassung: Elemente eines internationalen Politikkonzeptes

1) *Handlungsbedarf*: Die Klimaforscher prognostizieren schon für das nächste Jahrhundert einen dramatischen Anstieg der Temperatur auf der Erde, wenn die wirtschaftlich-technische Entwicklung so weitergeht wie bisher. Die mittlere globale Temperatur wird um etwa 1°C bis zum Jahr 2025 und um 3°C bis zum Jahr 2100 gegenüber heute ansteigen. Eine so drastische und plötzliche Erwärmung hat es in der Klimageschichte der letzten 10000 Jahre noch nicht gegeben. Für viele Regionen der Erde wird das katastrophale Folgen haben. Da eine kritische Zuspitzung des künstlichen Treibhauseffektes unmittelbar bevorsteht, ist ein unverzügliches Handeln geboten.

2) *Begrenzung des globalen Temperaturanstiegs auf 1°C*: Die Staaten müssen sich auf eine gemeinsame Klimaschutzpolitik und in diesem Rahmen zuerst auf ein ökologisches Ziel einigen, das es einzuhalten gilt. Die Klimaforscher halten einen Anstieg der Temperatur von etwa 1°C bis zum Jahr 2100 gerade noch für tolerierbar. Für den Ökonomen wäre ein Temperaturanstieg solange akzeptabel, wie die zusätzlichen Schäden – für alle Menschen auf der Erde und auch für die zukünftigen Generationen – geringer als die eingesparten Vermeidungskosten sind. Dieser Ansatz reicht hier aber nicht weit. Die Veränderungen auf der Erde wären so umwälzend und langfristig, daß es unmöglich wäre, sie in eine Zahl zu fassen. Der Ökonom kann hier wenig zur wissenschaftlichen Fundierung eines ökologischen Zielwertes beitragen. Er muß das von den Naturwissenschaften oder von der Politik formulierte Ziel als vorgegeben betrachten. Der Zielwert von 1°C erscheint aber aus ökonomischer Perspektive plausibel: Eine „vermeidbare Katastrophe" zu verhindern, ist immer sinnvoll.

3) *Beachtung von Kostengesichtspunkten bei der Formulierung der Emissionsreduktionsziele*: Für die Reduzierung der verschiedenen Spurengase sind nach Kostengesichtspunkten Unterziele festzusetzen. Der künstliche Treibhauseffekt kann eingeschränkt werden durch Reduktion der CO_2-Emissionen bei der Verbrennung fossiler Energieträger (Verringerung des Verbrauchs dieser Stoffe), durch Verminderung der anderen Spurengase,

insbesondere Methan, Fluorchlorkohlenwasserstoffe, Lachgas und Ozon (in der Troposphäre), sowie durch Erhaltung der Regenwälder und Aufforstungen.

Zuerst ist die äquivalente CO_2-Emissionsmenge zu bestimmen, die mit dem ökologischen Ziel vereinbar ist. Danach sind die Reduktionsmengen gegenüber einer Basisperiode (meist wird das Jahr 1987 herangezogen) zu errechnen, und dann ist zu entscheiden, wie sich die Reduktionen auf die drei Strategien verteilen sollen.

Die ökonomische Strategiebestimmung folgt dem Ziel, die weltwirtschaftlichen Kosten des Umweltschutzes zu minimieren. Die beiden zentralen Entscheidungsparameter sind die Schädlichkeit der Spurengase und die Höhe der Vermeidungskosten. Die Struktur ist unter Kostengesichtspunkten optimal, wenn das Verhältnis der Grenzvermeidungskosten dem Verhältnis der spezifischen Treibhauswirkungen der Spurengase entspricht. Bei gleichen Kostenfunktionen sollten Spurengase mit hohem spezifischen Treibhauseffekt stärker eingeschränkt werden als andere, ebenso wie bei gleicher Schädlichkeit Spurengase mit niedrigen Substitutionskosten stärker vermindert werden sollten. Methan hat eine 63 (21)mal so große Treibhauswirkung wie CO_2 bezogen auf 20(100) Jahre, die FCKW sind 4500–7100 (3500–7300) mal so wirksam und Lachgas ist 270 (290)mal so schädlich. Sie vertragen deshalb wesentlich höhere Kosten. Es ist nicht anzunehmen, daß die Kostenfunktionen auch nur entfernt so stark divergieren. Deshalb sollten sich die Emissionsreduktionen nicht auf die CO_2-Emissionen als die größte Quelle beschränken, sondern es sollte eine differenzierte Strategie verfolgt werden. Die prozentualen Reduktionen sollten bei den FCKW am größten und bei den CO_2-Emissionen am geringsten sein. Durch eine solche Strategie lassen sich die weltwirtschaftlichen Kosten des globalen Umweltschutzes wesentlich senken.

4) *Gerechte internationale Lastenverteilung nach dem Verursacherprinzip*: Der Souveränitätsanspruch der Länder verlangt eine Politik der Festlegung nationaler Reduktionsquoten für die verschiedenen Spurengasemissionen. Die allgemeine Frage ist dann, wie sich die Aufgaben und Lasten auf die einzelnen Länder verteilen sollen. Eine gerechte Verteilung der Lasten könnte sich am Verursacherprinzip orientieren. Seine Anwendung würde zu einer überproportionalen Lastenbeteiligung der Industrieländer im Vergleich zu den Entwicklungsländern führen.

Das Verursacherprinzip ist in den meisten Ländern das zentrale Leitprinzip der Umweltpolitik. Deshalb kann man erwarten, daß seine Ideen auch für das Verhältnis der Staaten zueinander Bedeutung haben. Das Verursacherprinzip ist sowohl eine Effizienz- als auch eine Verteilungsnorm. Als Norm der gerechten Lastenverteilung stellt es auf die Verantwortlichkeit der Verursacher (Emittenten) ab. Angewandt auf die internationale Aufgabe wäre daraus zu folgern: Es gilt als gerecht, daß jedes Land für die Folgen seines Handelns einsteht, für die Kosten, die es verursacht, aufkommt. Jedes Land ist mit seinem Emissionsanteil verantwortlich für die globale Erwärmung. Alle Staaten sollten deshalb ihre Emissionen um den gleichen Prozentsatz einschränken. Das ist aber nicht alles. Aus dem Verursacherprinzip kann noch ein weitergehender Schluß gezogen werden: Der künstliche Treibhauseffekt ist auch Folge der vergangenen Emissionen, an denen hauptsächlich die Industrieländer beteiligt waren. Auch wenn die Klimaschädlichkeit von CO_2 (und den anderen Spurengasen) noch nicht sehr lange bekannt ist, so haben die Industrieländer doch immerhin besondere ökonomische Vorteile aus den Emissionen gezogen. Die Industrieländer sollten deshalb – wenigstens für eine Übergangszeit – einen überproportionalen Beitrag übernehmen.

5) *Soziale Rücksichtnahme auf die Entwicklungsländer*: Auf die Entwicklungsländer sollte verteilungspolitische Rücksicht genommen werden, sei es daß man von ihnen niedrigere Reduktionsziele verlangt oder daß die Industrieländer sie mit Finanzhilfen und technischem Wissen unterstützen. Eines der Motive für die Anwendung des Gemeinlastprinzips in der nationalen Politik ist der Schutz einkommensschwacher Bevölkerungskreise (vgl. den „Wasserpfennig"). Diese Perspektive kann man auf die internationale Staatengemeinschaft übertragen. Bedürftigkeit (Armut) und starke Einkommensunterschiede können die Industrieländer veranlassen, den Entwicklungsländern Sonderbedingungen einzuräumen.

Die Entwicklungsländer stehen unter besonderem Druck durch das rapide Bevölkerungswachstum. Um den Lebensstandard überhaupt zu halten, müßte das Sozialprodukt mit der gleichen hohen Rate wachsen. Um die Armutsgrenze zu verlassen und Anschluß an die Industriestaaten zu finden, wäre ein überproportionales Wachstum mit einer entsprechend starken Zunahme der Energienachfrage erforderlich. Zusätzliche Probleme ergeben sich aus der hohen Auslandsverschuldung. Vor diesem Hintergrund erscheint es nicht realistisch, von den Entwicklungsländern eine Reduktion ihrer Emissionen gegenüber einem Basisjahr wie 1987 zu verlangen. Man wird ihnen in einer Übergangszeit – etwa bis zum Jahre 2050 – einen gewissen Nachholbedarf einräumen müssen. Sie sind aber als Verursacher ebenfalls mitverantwortlich für das globale Umweltproblem und sollten deshalb auch Anstrengungen zur Begrenzung der Zunahme des Verbrauchs fossiler Energieträger und zur Erhaltung der Regenwälder unternehmen, wobei eine wichtige Strategie in der Verringerung des Bevölkerungswachstums zu sehen ist, weil so Umweltschutz ohne Einbußen im Lebensstandard möglich ist.

6) *Flexibilisierung der Aufgabenwahrnehmung:* Der größere Politikbeitrag der Industrieländer sollte nicht nur durch eine überproportionale Verminderung der eigenen Emissionen, sondern auch durch Finanzierung von Vermeidungsmaßnahmen in den Entwicklungsländern erfüllt werden. Von hohen Wirkungsgraden der rationellen Energienutzung ab ist es kostengünstiger, zusätzliche Maßnahmen in den Ländern mit relativ niedrigem Vermeidungsniveau durchzuführen. Für die Industrieländer sollte es außerdem ökologisch gleichgültig sein, wo die Spurengasemissionen reduziert werden. Im Ausland vorgenommene Emissionsminderungen sollten auf das nationale Reduktionssoll anrechenbar sein.

7) *Verhandlungslösungen:* Es kann im Interesse der Industriestaaten liegen, Freifahrer und andere Nichtbeitrittswillige durch Kompensationszahlungen zur Teilnahme an einem internationalen Abkommen zu bewegen bzw. ihnen Sonderkonditionen einzuräumen. Selbst bei starken Interessengegensätzen ist so eine Einigung zwischen den beiden Parteien denkbar. Den Spielraum für beiderseitige Verhandlungsgewinne eröffnen Unterschiede in den Kostenbedingungen und in den Nutzenbewertungen. Als Formen solcher Kompensationen kommen finanzielle und technische Hilfen in Betracht.

Aspekte der Verteilungsgerechtigkeit und die Fähigkeit der Gruppe wirtschaftlich schwacher Länder – insbesondere auch der Regenwaldländer –, verteilungspolitische Macht auszuüben, wecken bei den Industrieländern die Bereitschaft und setzen sie unter Druck, einen überproportionalen Anteil an den Lasten der internationalen Politik zu übernehmen.

8) *Klimafonds:* Zur Durchführung der Finanzhilfen sollte ein internationaler Umweltfonds eingerichtet werden. Gespeist werden müßte der Fonds aus Beiträgen der Industrieländer. Zur Finanzierung des Fonds eine internationale Klimaschutzabgabe einzuführen, erscheint nicht ratsam, denn eine einheitlich zentral fixierte Abgabe würde die Souveränität der Staaten zu sehr einschränken. Angesichts der zahlreichen Konflikte, die mit einer solchen Abgabe im Inland verbunden sein können (Beispiel Kohlepolitik), würde diese Regelung das Zustandekommen einer Umweltschutzkonvention erheblich erschweren. Sinnvoll ist dagegen das übliche Verfahren: Für die Mitgliedsstaaten werden Beiträge (nach Größe, Finanzkraft oder Pro-Kopf-Sozialprodukt) festgelegt, und es wird ihnen überlassen, wie sie die Mittel aufbringen.

9) *Abstimmung der nationalen Politiken zur Vermeidung von Handelsverzerrungen:* Um Verzerrungen des internationalen Handels zu vermeiden, ist eine gewisse Abstimmung des nationalen Intrumentariums erwünscht. Damit der internationale Wettbewerb funktioniert, müssen den Anbietern

die ganzen Kosten ihrer Produkte angelastet werden. Deshalb sollte das Verursacherprinzip in einer internationalen Klimakonvention verankert werden. Subventionen sollten nur ausnahmsweise zulässig sein, und für sie sollte es einheitliche Vergabekriterien geben.

Die Wahl der Vermeidungsstrategie – Nutzenergieverzicht, rationelle Energienutzung, Substitution zwischen fossilen Energieträgern, verstärkter Einsatz regenerativer Energien – sollte den Ländern überlassen bleiben, weil so nicht nur der internationale Einigungsprozeß erleichtert wird, sondern auch jedes Land die Strategie wählen kann, die seinen Kosten und wirtschaftspolitischen Zielen am besten entspricht. Dadurch wird die effizienteste Anpassung ermöglicht.

Für die Kernenergie ist eine Ausnahme zu machen. Länder, die verstärkt auf die Kernenergie setzen, externalisieren Kosten und erlangen so einen internationalen Wettbewerbsvorteil. Für die anderen Länder entsteht ein doppelter Nachteil. Sie sind dem Radioaktivitätsrisiko ausgesetzt, und sie erleiden besondere Sozialprodukteinbußen. Immer dann, wenn Vermeidungsmaßnahmen mit externen Umweltkosten verbunden sind, besteht ein internationaler Abstimmungsbedarf. Eine Klimakonvention sollte deshalb – sowohl aus Effizienz- als auch aus Gerechtigkeitsgründen – Vorschriften über die Nutzung der Kernenergie enthalten.

Wünschenswert ist auch eine Abstimmung innerhalb des Instrumentariums des Verursacherprinzips, denn die beiden möglichen Instrumente, Mengenbeschränkungen und Abgaben, wirken sich unterschiedlich auf die Kosten der Unternehmen aus. Bei der Abgabenlösung entstehen im allgemeinen höhere private Vermeidungskosten. Ein Land, das hauptsächlich auf Abgaben setzt, geht das Risiko einer Beeinträchtigung seiner internationalen Wettbewerbsstellung ein. Es wird diesen Weg kaum beschreiten, obwohl dieses Instrument eine effiziente Lösung des CO_2-Problems verspricht. Es wäre nützlich, wenn man sich international auf die Abgabe als das Hauptinstrument einigen könnte.

10) *Tausch Schulden gegen Natur:* Da die Schuldenkrise den umweltpolitischen Handlungsspielraum der Entwicklungsländer stark einschränkt, sind auch Vereinbarungen, die einen Tausch Schulden gegen Umweltschutz vorsehen, von besonderem Interesse. Die Industrieländer selbst sollten Schulden erlassen. Sie sollten aber auch den Schuldenabbau gegenüber Banken durch Beteiligung an Debt-for-Nature- Swap-Transaktionen fördern. Auf diese Weise kann vor allem ein Beitrag zur Erhaltung der Regenwälder geleistet werden. Für die Industriestaaten sind die Swap-Transaktionen doppelt vorteilhaft. Bei gegebenem Hartwährungseinsatz wird ein stärkerer Entschuldungseffekt erzielt, ebenso wie die Mittel für den Umweltschutz in den Schuldnerländern multiplikativ vermehrt werden. Außerdem können die Geberländer relativ sicher sein, daß in den

Schuldnerländern auch tatsächlich die vereinbarten Umweltschutzmaßnahmen ergriffen werden.

11) *Nationale Maßnahmen:* Im nationalen Bereich sollten Maßnahmen gegen alle wichtigen Treibhausgasemissionen ergriffen werden. Für FCKW ist bereits bis Anfang des nächsten Jahrtausends ein Verbot vorgesehen. Zur Beschleunigung der Anpassungsprozesse könnte in der Übergangszeit eine Abgabe auf die FCKW bei den Herstellern/Importeuren erhoben werden.

Gegen die Methan-Emissionen müßte mit ordnungsrechtlichen Maßnahmen vorgegangen werden. Die Stickoxidemissionen lassen sich entweder durch eine Verschärfung der heute bereits bestehenden Auflagen für Kraftwerke, Industrie und Kraftfahrzeuge oder durch eine Abgabe auf die Restemissionen verringern. Für die Bekämpfung der Kohlendioxidemissionen erscheint die CO_2-Abgabe besonders geeignet. Sie sollte aber unterstützt und ergänzt werden durch Auflagen, eigene Maßnahmen des Staates und partiell auch durch Finanzhilfen an Private zur Verstärkung der Anreizwirkung und Förderung des CO_2-sparenden technischen Fortschritts. Das Aufkommen sollte nicht gebunden sein für Zwecke des Klimaschutzes. Es sollte weitgehend als Steuersenkung an die Privaten zurückfließen.

12) *Die Kohlendioxidabgabe:* Die CO_2-Abgabe ist einfach zu erheben, effizient, prinzipiell wirksam (bei genügend hohem Tarif) und innovationsanregend. Die Abgabe wäre nach dem Kohlenstoffgehalt und dem Verbrauch der fossilen Energieträger zu bemessen. Nicht nur Erdöl und Erdgas, auch Stein- und Braunkohle (sowie eventuell auch Brennholz) müßten besteuert werden. Wählt man als Bemessungsgrundlage die Absatzmenge (auf der Primärenergiestufe) in Tonnen Steinkohleneinheiten, dann müßte der Tarif mit dem Kohlenstoffgehalt der verschiedenen fossilen Energieträger variieren. Braun- und Steinkohle müßten am höchsten und Erdgas am niedrigsten besteuert werden. Der Tarif sollte schrittweise erhöht werden, bis in den Jahren 2005 und 2050 die für diese Zeit anvisierten Reduktionsziele erreicht werden.

Die CO_2-Abgabe hat wichtige Vorzüge:

- Sie ist einfach zu erheben, weil nur ein kleiner Kreis von Unternehmern der Steuer unterliegt (insbesondere Bergbau und Mineralölwirtschaft).
- Sie hat die größtmögliche Breitenwirkung, weil alle Heiz- und Treibstoffe teurer werden und so überall in der Wirtschaft Verzichte und Substitutionsprozesse zugunsten CO_2-armer Güter und Techniken ausgelöst werden.

– Wie bei anderen Preisänderungen auch passen sich Haushalte und Unternehmen effizient der Abgabe an, so daß ein kostengünstiger Umweltschutz gewährleistet ist.
– Die Strukturänderungen in der Wirtschaft stellen sich automatisch ein. Sie entheben den Staat von der Aufgabe, die CO_2-Reduzierungen in den verschiedenen Sektoren durch eine Vielzahl von Vorschriften zu steuern, so daß die Abgabenlösung ein Minimum an zusätzlicher Bürokratisierung verspricht.
– Von der Abgabe geht ein maximaler Anreiz zum CO_2-sparenden technischen Fortschritt aus, ein Vorteil, der angesichts der gewaltigen Aufgaben, die durch Energieeinsparung und Entwicklung neuer Energiesysteme zu bewältigen sind, nicht hoch genug eingeschätzt werden kann.

13) *Energiepolitische Zielkonflikte:* Für Kohle und Erdgas gibt es keine freien Märkte. Solange diese Situation besteht, kann eine CO_2-Abgabe nicht ihre volle Wirksamkeit entfalten und müssen künstlich überhöhte volkswirtschaftliche Kosten in Kauf genommen werden. Durch die Kohleschutzpolitik wird eine überpropotionale Abnahme des Verbrauchs von Kohle, wie sie aus umweltpolitischer Sicht erwünscht wäre, verhindert. Da sich die Absatzchancen für Erdgas im Zuge einer CO_2-Politik gegenüber Erdöl verbessern würden, gibt es eigentlich keinen Grund mehr, an der heutigen Preisbindung festzuhalten. Der Staat sollte sich für die Aufhebung der Nettopreisbindung einsetzen. Eine Koppelung der Preise vor Steuer ist aus umweltpolitischer Sicht unproblematisch und verschafft zugleich der Gaswirtschaft Sicherheiten.

14) *Begrenzte Funktionsfähigkeit der Märkte und unterstützende Maßnahmen:* Sowohl staatliche Regulierungen als auch ökonomische Faktoren begrenzen die Funktionsfähigkeit der Marktkräfte im Wohnungs-, Verkehrs- und Forschungssektor. Die Verteuerung der Heizstoffe wird bei den Privaten nicht immer ausreichende Anreize zur Wärmedämmung an alten und neuen Gebäuden auslösen. Bei vermieteten Gebäuden schlägt sich die Verteuerung zunächst nur in den Heizkosten nieder, und der geringe Wettbewerb zwischen den Mietobjekten sowie Mietpreisvorschriften schränken die Anreize für die Hauseigentümer zu Wärmeschutzinvestitionen ein. Vorschriften zur Flexibilisierung der Mieten (z. B. bessere Umlage der Investitionskosten auf die Mieten) und Finanzhilfen könnten hier die CO_2-Abgabe unterstützen.

Gegenüber dem Kfz-Markt herrscht im Schienenverkehr ein staatliches Monopol mit der Folge, daß hier der Druck zu ständigen Leistungsverbesserungen fehlt. Die Verteuerung des Straßenverkehrs sollte zu einer Expansion des Schienen- und öffentlichen Nahverkehrs führen. Der Staat sollte sich so verhalten, als würde Wettbewerb herrschen und deshalb komplementär zur CO_2-Abgabe verstärkte Anstrengungen unternehmen, diese umweltfreundlichen Verkehrsmittel leistungsfähig auszubauen.

Der Impuls für die Innovationstätigkeit auf dem Gebiet alternativer Energien wird durch den hohen Anteil externer Effekte an dieser grundlagenorientierten Forschung eingeschränkt. Ebenfalls als komplementäre Maßnahme erscheint deshalb die staatliche Forschung und die Förderung der privaten Forschung auf den Gebieten wegweisender neuer Energiesysteme angezeigt.

15) *Entlastung der CO_2-Abgabe durch ein differenziertes Vorgehen bei sektoral unelastischer Nachfragereaktion:* Ein Hemmnis für die CO_2-Steuer kann in der Praxis darin bestehen, daß manche Emissionsbereiche besonders unelastisch auf Verteuerungen der fossilen Energieträger reagieren, und der Tarif relativ hoch angesetzt werden müßte, um auch hier Einschränkungen herbeizuführen. In den anderen Emissionsbereichen ruft der hohe Tarif eventuell kaum noch zusätzliche Vermeidungsmaßnahmen hervor. Hier erhöhen sich möglicherweise nur noch die Steuerzahlungen. Bei dieser Konstellation bietet sich ein differenziertes Vorgehen zur Entlastung der CO_2-Steuer an. Der Tarif wird auf einem mittleren Niveau fixiert, und in den preisunelastischen Bereichen werden zusätzliche – insbesondere ordnungsrechtliche – Maßnahmen ergriffen. Konkret heißt dies zum Beispiel, daß neben der Verteuerung der Treibstoffe im Straßenverkehr Geschwindigkeitsbegrenzungen, eine Flottenvorschrift nach US-amerikanischem Vorbild (die wesentlich flexibler wäre als Verbrauchsgrenzwerte für Kraftfahrzeuge) oder auch die Staffelung der Kraftfahrzeugsteuer nach dem Kraftstoffverbrauch eingeführt werden.

16) *Verteilungspolitische und makroökonomische Absicherung:* Flankierende Maßnahmen können auch angezeigt sein, um unerwünschte Verteilungswirkungen aus der Verteuerung der Heiz- und Treibstoffe auszugleichen und negative Auswirkungen auf die volkswirtschaftliche Gesamtnachfrage – den privaten Konsum und die private Investitionstätigkeit – zu vermeiden.

17) *Emissionszertifikate:* Für die allgemeine Verringerung der CO_2-Emissionen erscheint ein System handelbarer Emissionsrechte weniger geeignet als die CO_2-Abgabe. Der Tarif braucht zwar nun nicht politisch bestimmt zu werden, aber es ist fraglich, ob dieses System funktionieren könnte. In Betracht käme aus administrativen Gründen nur eine Lösung, die bei den Herstellern (Kohle- und Mineralölwirtschaft) oder – am besten – beim Großhandel (bzw. bei den Herstellern im Falle des Direktverkaufs und Eigenverbrauchs) ansetzt. Die Unternehmen würden entsprechend ihren

Absatzmengen in einer Ausgangsperiode Rechte zugewiesen erhalten. Da zwischen dem Kohlenstoffgehalt und den einzelnen Brennstoffmengen eine feste Beziehung besteht, impliziert diese Kontingentierung eine Zuweisung von Verkaufsrechten. Durch die Verknappung des Angebots steigen die Preise. Bei den nachgelagerten Betrieben und Haushalten werden dadurch Maßnahmen der Energieeinsparung erzwungen. Dies ist der positive Effekt. Der Nachteil dieser Lösung besteht aber darin, daß die Unternehmen – mit den zugewiesenen Rechten – eine Art Monopolstellung erhalten. Auch der Zutritt neuer Unternehmen zum Markt wird blockiert. Das System ruft einen Kartellierungseffekt hervor. Die etablierten Unternehmen erzielen Monopolgewinne und der Anreiz, sich wirtschaftlich zu verhalten und kostensenkende Innovationen vorzunehmen, wird entscheidend geschwächt. Das wäre nur anders, wenn die Unternehmen bereit wären, ihre Rechte an effizientere Anbieter zu verkaufen. Wegen des fehlenden Konkurrenzdrucks ist dies aber nicht sehr wahrscheinlich. Weil bei den Händlern Marktlagen- und Monopolgewinne entstehen würden, könnte außerdem kaum auf Gewinnregulierungen im Handelsbereich verzichtet werden, so daß sich die Anwendung des Systems komplizieren würde.

Nach einem anderen System werden die Verkaufsrechte Jahr für Jahr neu versteigert. Dann taucht zwar das Monopolproblem nicht auf, aber die Entscheidungsbasis für die Unternehmen wird wesentlich unsicherer, und das Produktions- und Investitionsrisiko kann sich empfindlich erhöhen.

18) *Ordnungsrechtliche Maßnahmen*: Ein Auflagen-Transfer-System müßte entweder sektoral ansetzen (z. B. bei den Kraftwerken, dem Straßenverkehr und der Wärmedämmung an Gebäuden), oder es müßte aus einer Vielzahl partieller Eingriffe bestehen. Diese Politik ist wenig effizient, mit hohen administrativen Kosten verbunden, sie bleibt zwangsläufig lückenhaft und wirkt innovationshemmend. Wegen der Unterschiede in den Substitutionskosten ist es immer vorteilhaft, alle Wirtschaftsbereiche an der CO_2-Minderung zu beteiligen. Es ist außerdem unmöglich, bei differenziertem Zugriff die verschiedenen Maßnahmen nach den jeweiligen Kostenverhältnissen auszurichten. Weil die Unternehmen bei neuen umweltfreundlichen Techniken mit einer Heraufsetzung der Grenzwerte rechnen müssen, fehlen die gerade für die Bekämpfung des Treibhauseffektes so wichtigen Impulse zum CO_2-sparenden technischen Fortschritt, insbesondere zur Stimulierung der Sonnenenergienutzung und zur Entwicklung neuer Treibstoffe. Weil die Auflagen nicht knappheitsorientiert fixiert werden können, werden außerdem die Signale für die Forschungs- und Entwicklungstätigkeit falsch gesetzt.

Auflagen sind in diesem Anwendungsbereich auch keineswegs ein Instrument, das sich relativ sicher und gezielt einsetzen läßt. Es ist schwierig, die CO_2-Emissionen mit einem komplexen System von Einzelregelungen zu steuern. Entscheidet man sich dagegen für konzentrierte Eingriffe in einigen wenigen Sektoren, dann ist es – angesichts der begrenzten Wirksamkeit, der rasch steigenden Kosten und der politischen Widerstände – von vornherein fraglich, ob das nationale Reduktionsziel überhaupt erreicht werden kann. Das ordnungsrechtliche Instrumentarium ist für die Klimaschutzpolitik weit weniger tauglich als für die traditionelle Umweltpolitik.

Literatur

Baxmann, U. G., Zur Bewertung risikobehafteter Auslandsforderungen mittels Sekundärmarktpreisen, in: Zeitschrift für Betriebswirtschaft, 60. Jg., 1990, S. 497 ff.

Bericht der Bundesregierung an den Deutschen Bundestag über die Erfüllung international eingegangener Verpflichtungen zur Reduzierung der Luftverunreinigungen, Deutscher Bundestag, 11. Wahlperiode, Drucksache 11/6894, 09.04.1990

Bolin, B., Die Zerstörung der Erdatmosphäre und die Folgen, in: Crutzen P.J. und Müller M., Das Ende des blauen Planeten? München 1989, S. 11 ff.

Brackemann, H. u. a., Anwendungsbereiche – Verfahren, Verbrauch und Emission, Minderungsmöglichkeiten, in: Umweltbundesamt, Verzicht aus Verantwortung: Maßnahmen zur Rettung der Ozonschicht, Berlin 1989, S. 66 ff.

Bundesumweltministerium, Konzept zur Verminderung der CO_2-Emissionen, in: Umwelt Nr. 7/1990, S. 349 ff.

Cardoso, A., e Conha, The Nuclear Option Should Be Kept Open. In: Royal Dutch Petroleum Company, 1980/1990, Juni 1990, S. 10 ff.

Crutzen, P.J., Menschliche Einflüsse auf das Klima und die Chemie der globalen Atmosphäre, in: Crutzen, P. J. und Müller, M. Das Ende des blauen Planeten? München 1989, S. 25 ff.

Ders., Das Ozonloch hat fast eine Revolution in Gang gesetzt, in: Die Welt, 02.10.1989, S. 7

Cuesada, A.U., Banks, Debt and Development, in: International Environmental Affairs, Bd. 2, 1990, S. 140 ff.

Deutsche Bundesregierung, Antwort der Bundesregierung auf die Kleine Anfrage der Abgeordneten Schäfer (Offenburg), Adler, Bachmaier u. a. und der Fraktion der SPD – Bundestags-Drucksache 11/5712 – Kohlendioxyd-Abgabe

Deutscher Bundestag, Vierter Immissionsschutzbericht der Bundesregierung, 11. Wahlperiode, Drucksache 11/2714, 28.07.1988

Dunne, N., Brasilian Nature Groups Form Consortium, in: Financial Times vom 22.08.1990., S. 6

Economist, Aug. 1989, S. 41

Engels, W. u. a., Mehr Markt in der Energiewirtschaft, 1988

Enquete-Kommission Vorsorge zum Schutz der Erdatmosphäre, Erster Zwischenbericht, Deutscher Bundestag, 11. Wahlperiode, Drucksache 11/3246, 02.11.1988

Dies., Zweiter Bericht zum Thema Schutz der tropischen Wälder, Deutscher Bundestag, 11. Wahlperiode, Drucksache 11/7220, 24.05.1990

Dies., Dritter Bericht zum Thema Schutz der Erde, Deutscher Bundestag, 11. Wahlperiode, Drucksache 11/8030, 24.05.1990

Europäische Charta Umwelt und Gesundheit vom 7./8.12.1989, verabschiedet von den für Umwelt und Gesundheit verantwortlichen Ländern von 29 Mitgliedstaaten der europäischen WHO-Region, in: Umwelt Nr. 1/1990, S. 27ff.

Ewringmann, D. u. a., Analyse und systematische Darstellung global wirkender Instrumente, in: Energiepolitische Handlungsmöglichkeiten und Forschungsbedarf, Enquete-Kommission „Vorsorge zum Schutz der Erdatmosphäre" des Deutschen Bundestages (Hrsg.), Bonn und Karlsruhe 1990, S. 45ff.

Frankfurter Allgemeine Zeitung, Freitag, 25. Januar 1991, S. 8

Graßl, H., Anthropogene Beeinflussung des Klimas, in: Phys. Bl. 45 (1989), Nr. 7, S. 199ff.

Hannon, P., Leaf dividend – high discounts on nature's bounty, in: Trade Finance & Banker International, Nov. 1989, S. 42ff.

Hansmeyer, K.-H., Neue Dimensionen der Energiebesteuerung: Die Diskussion um eine CO_2-Abgabe, in: Finanzwissenschaft im Dienste der Wirtschaftspolitik, Dieter Pohmer zum 65. Geburtstag, F.X. Bea und W. Kitterer (Hrsg.), Tübingen 1990, S. 267ff.

Hartje, V.J., Verteilung der Reduktionspflichten – Problematik der Dritte-Welt-Staaten, in: Internationale Konvention zum Schutz der Erdatmosphäre, Enquete-Kommission „Vorsorge zum Schutz der Erdatmosphäre" des Deutschen Bundestages (Hrsg.), Bonn und Karlsruhe 1990, S. 745ff.

Houghton, J. T. u. a., Climate Change – The IPCC Scientific Assessment, Cambridge 1990

Kenen, P. B., Organizing Debt Relief. The Need for a New Institution, in: The Journal of Economic Prospectives, Bd. 4, 1990, S. 7ff.

Kloepfer, M., Umweltrecht, München 1989

Michaelis, H., Energiepolitik und CO_2, in: Energiewirtschaftliche Tagesfragen, 38. Jg. (1988), S. 850ff.

Mitgliedsschreiben des Afrikavereins e.V., Hamburg 9/89

OECD, Guiding Principles Concerning the International Economic Aspects of Environmental Policies (Adopted by the Council at its 293rd Meeting on 26th May, 1972), in: The Polluter Pays Principle, Paris 1975, S. 12ff.

Page, D., Debt-for-Nature Swaps. Experience Gained, Lessons Learned, in: International Environmental Affairs, Bd. 1, 1989, S. 275ff.

Paisley, E., Nature Swap Near in Panama, in: American Banker, 64/1990, S. 12

Peters, M., Das Verbrauchsteuerrecht, München 1989

Reilly, W.H., Debt-for-Nature-Swaps: The Time Has Come, in: International Environmental Affairs, Bd. 2, 1990, S. 134ff.

Sachs, J.D., A Strategy for Efficient Debt Reduction, in: The Journal of Economic Prospectives, Bd. 4, 1990, S. 19ff.

Sadik, N., Weltbevölkerungsbericht 1990, Deutsche Gesellschaft für die Vereinten Nationen e.V., Bonn 1990

Sannwald R., Stohler, J., Wirtschaftliche Integration, 2. Aufl., Basel 1961

Schönwiese, Ch. D., Klimatologen aus aller Welt rufen zum Handeln auf, in: Frankfurter Allgemeine Zeitung, 24.10.1990, S. 11f.

Schrader, Ch., Altlastensanierung nach dem Verursacherprinzip?, Berlin 1988

Schreiber, H., Debt-for-Nature-Swaps, in: Zeitschrift für Umweltpolitik & Umweltrecht, 12. Jg., 1989, S. 340ff.

Stöttner, R., Internationale Verschuldung: Mit Debt Swaps aus der Krise? In: Bombach G. u. a. (Hrsg.), Die nationale und internationale Schuldenproblematik, Tübingen, 1989, S.211ff.

Sundaram, A. K., Swapping Debt for Debt in Less-Developed-Countries, in: International Environmental Affairs, Bd. 2, 1990, S. 70ff.

Tetzlaff, R. u. a., Unterstützung der Entwicklungsländer durch Industriestaaten, in: Internationale Konvention zum Schutz der Erdatmosphäre, Enquete-Kommission „Vorsorge zum Schutz der Erdatmosphäre" des Deutschen Bundestages (Hrsg.), Bonn und Karlsruhe 1990, S. 608ff.

Teufel, D. u. a., Die Zukunft des Autoverkehrs. Öko-Bonus als marktwirtschaftliches Instrument im Umweltschutz, Vorschläge zu einer neuen Kostenverteilung im Verkehrsbereich, UPI-Bericht Nr. 17, 3. Aufl., Heidelberg 1990

Umweltperspektiven der Vereinten Nationen, bis zum Jahr 2000 und danach –, beschlossen von der Generalversammlung der Vereinten Nationen am 11.12.1987, (A/RES/42/186), Berlin 1988

Verordnung zum Verbot von bestimmten die Ozonschicht abbauenden Halogenkohlenwasserstoffen (FCKW-Halon-Verbots-Verordnung), Entwurf vom 20.12.1989

Vorwerk, A., Die umweltpolitischen Kompetenzen der Europäischen Gemeinschaft und ihrer Mitgliedstaaten nach Inkrafttreten der EEA, München 1990, S. 28ff.

Wicke, L., Hucke, J., Der ökologische Marshallplan, Frankfurt/M. 1989

Wulfken, J., Juristische Strukturen und ökonomische Wirkungen von Debt-Equity-Swaps, Konstanz 1989

World Wild Life Fund (WWF), The Bolivian Case, o.J.

Ders., The Costa Rican Case, o.J.

Ders., The Ecuadoran Case, o.J.

Ders., The Philippines Case, o.J.